U0012430

金商道

The positive thinker sees the invisible, feels the intangible, and achieves the impossible.

惟正向思考者，能察於未見，感於無形，達於人所不能。 —— 佚名

SDGs思考
2030年のその先へ 17の目標を超えて目指す世界

2030永續企業革命

全方位ESG永續實踐攻略

Kazuo Tase　SDGパートナーズ
田瀬和夫、永續發展夥伴有限公司——著

目錄

讀懂 ESG 才能內化到企業運作

彭啟明
台灣氣候聯盟秘書長／天氣風險管理開發公司總經理

新冠疫情在二〇二〇年爆發，也讓人類重新思考我們與地球的關係，氣候變遷的議題也重新獲得重視，這股力道遠遠超過歷史的總和。全球政府、企業與民間也真正開始落實，您有做到SDGs或ESG嗎？這已經是各界最關心的議題。

從過去常聽到的CSR，到現在很熱門的ESG，或是國際上更熱的UN SDGs，這麼多的名詞，很多人不見得都搞得清楚。尤其從第二十六次聯合國氣候變遷大會後，成立格拉斯哥淨零金融聯盟，銀行、投資等金融體系針對淨零及ESG都開始提出要求，對企業未來經營的全面新觀念及制度已經開始展開。台灣的金融監督管理委員會也推出「公司治理三・〇—永續發展藍圖」，規畫多項強化ESG資訊揭露相關措施，以提升資訊揭露品質，並透過資訊揭露促使企業重視ESG議題及強化其永續發展之能力。同時更積極的規畫將分階段推動「上市櫃公司永續發展路徑圖」，要求全體上市櫃公司於二〇二七年前完成溫室氣體盤查，二〇二九年前完成溫室氣體盤查之查證。

對企業來說，ESG與SDGs不是道德行動，而是營運「必考題」，無法配合轉型的企業未來恐遭淘汰。這不是大企業才該有的標配或選配，而是必須要做的事情，特別是當金融機構已經把ESG變成標準，企業更不得不積極面對。

這場新變革，讓各企業主都慌了起來，積極地進行「漂綠」（Green Washing），如果仔細看其中的差別就是企業是否運用公關手段，讓公司或產品看起來很環保，但實質上並沒有真正做到減少對環境的衝擊危害。也有些企業主抱怨說，現在永續的人才難尋，企業無法面面顧到，漂綠比較快，或許漂綠漂久了就變成真正綠了。

我曾實際觀察幾家做得好的企業，都是高階主管由上而下，有明確的永續概念及氣候變遷的認知，才能內化到企業的營運當中，其中更需要持續的觀念更新及資訊收集，這也是台灣氣候聯盟結合各大企業合作的初衷。

本書的作者田瀨和夫，長期在聯合國體系工作，實際投入制度設計的過程，又實際參與企業的永續運作，比起我們一般人看到的永續，更深切了解永續這條路如何進行。同時提供實際的思維、執行、方法及投資方式，可以讓我們更貼切的執行ESG，而且找出綠色商機。

永續這條路現在才剛開始，這本書可以幫助企業主及企業經營團隊，前瞻且務實地推動永續經營，更可以減少不必要的冤枉路，「減碳永續」兼「企業獲利」要一起兼顧，就必須好好實際體會ESG的意義，這本書很適合企業內部一起來召開讀書會，一次讀懂ESG。

前言

透過本書，我最想傳達給各位讀者的訊息是「連結・串連」。

SDGs（Sustainable Development Goals，永續發展目標）乍看之下為艱澀難懂的國際文件，但這份文件想要表達的議題其實非常務實、嚴肅且單純，那就是，十年後我們要留給下一個世代什麼樣的社會？對我們這個世代來說，其實就是近期未來的「自己」，也代表了這個世代與未來孩子們之間的「傳承」問題。不僅如此，站在經營事業或企業的角度來看，SDGs的觀念能帶給此時的我們非常重要的啟發，這一點容我稍後詳述。

我念大學時正好處於經濟泡沫化的爆發頂點，全世界人心躁動不安。那個時代，東京灣岸的迪斯可舞廳一間接著一間開，我還沒畢業就拿到許多家企業的錄取通知。突然，一九八九年冷戰結束，經濟泡沫也應聲崩壞，沒有人想到柏林圍牆有一天真的會倒塌、蘇俄變成俄羅斯、波斯灣爆發戰爭等，各種世界巨變在眼前發生，我記得很清楚，自己當時靜下心來認真思考未來將從事什麼樣的工作。

仔細思考後，我婉拒了所有的錄取通知。我希望能成為「連結」科學與社會的人，從核子工程學大幅轉換跑道到經濟社會學，我花了一年半的時間準備外交部領事人員的考試（俗稱外交特考），順利錄取後進入外交部工作。之後，我有幸在時任聯合國難民署高等專員緒方貞子（Ogata Sadako）這位學識廣博的智者、導師身邊幫忙，在聯合國從事「人類安全保障」相關工作。後來，又因為期望讓世界的金錢流通運作更有效率，我轉而來到民間工作。

如此經歷讓我有幸得以從各種角度觀察一九九〇年以後世界的變化。在人類（Homo sapiens）物種的繁盛歷史中，我想從未有過像近三十年如此，國際社會急速發展、帶給地球環境巨大影響、全世界人們「緊密相連」的時代吧。世界的巨變接連不斷，有些危機甚至連國家都不保。另一方面，人工智慧的科技發展銳不可當，甚至有取代人類心智的霸氣。人類的日常生活不斷變化，我們未來究竟該何去何從？

佛教說「諸行無常」，教導我們沒有一件事物不會改變，萬事萬物都會不斷變遷。但說不定，身為人活在世上可以找到一個不變的道理。人在自然中誕生、生活，然後死亡，在這過程中期望下一代過得更幸福，在「連結」現世的人中，或「連結」上一個世代、下一個世代中了解自我，並為這個世代帶來些什麼。如果把人世間不變的東西稱為「普世價值」的話，那麼ＳＤＧｓ就是教我們如何把這個不變的價值，不受時間限制地「傳遞」下去的體系。

「結合」和平、發展、人權的人類安全保障與ＳＤＧｓ

二〇一五年九月聯合國決定採用ＳＤＧｓ這個想法，這在當年並非無中生有、憑空而降。早在二〇〇〇年聯合國高峰會時，世界就已經以二〇一五年為期訂出發展目標，也就是千禧年發展目標（Millennium Development Goals，ＭＤＧｓ）。當時，我負責擬定時任總理大臣森喜朗（Yoshiro Mori）在紐約的演講草稿。我記得很清楚，聯合國在一九九〇年正面臨一個重大難題，如何讓多國脫離內戰、伴隨的難民問題以及人道危機，並促進這些地區的發展。

回顧這十年歷史，從一九九一年的波斯灣戰爭揭開序幕，九〇年代國際社會上的戰爭隨處可見，是個血腥味十足的「動盪的十年」。世界在冷戰時期受到美蘇兩股勢力的壓抑，冷戰結束後各地長期累積的不滿與政治壓力爆發，索馬利亞處於無政府狀態、柬埔寨陷入內戰；在巴爾幹半島、波士尼亞與赫塞哥維納爆發戰火、盧安達發生種族滅絕的事件；東帝汶和科索沃則因獨立與種族清洗血流成河。

我的恩師緒方貞子女士，在一九九〇年到二〇〇〇年的「動盪的十年」間擔任聯合國難民署高級專員。一九九〇年我在外交部工作時，恩師對我來說還是遙不可及的存在，只知道他是「傳說中聯合國的日本人先驅」「口譯學校教材中，英文說得最標準的日本人」。由於聯合國準備成立與「人類安全保障」相關的委員會，恩師在結束高級專員任期的二〇〇〇年秋天多次蒞臨外交部。一些偶然的機會，當時我和恩師交談過幾次，幾個月後我收到恩師邀請，希望我前往紐約幫他的忙，自此我的人生有了天翻地覆的改變。

「人類安全保障」後來就變成「ＳＤＧｓ的指導原則」，當中許多重要的論點也和ＳＤＧｓ的概念一致。其中之一是「所有社會課題皆息息相關」。從一九九〇年開始，聯合國面對的難題是如何人道救援那些在戰爭中或戰爭過後的人民，以及協助他們長期開發當地區域。當時的計畫是，當戰爭國達成和平協議後，聯合國維和部隊（Peace-keeping Operations，ＰＫＯ）會確保當地政治的穩定，同時聯合國難民署（United Nations High Commissioner for Refugees，ＵＮＨＣＲ）、世界糧食計畫署（World Food Programme，ＷＦＰ）、聯合國兒童基金會（United Nations International Children's Emergency Fund，ＵＮＩＣＥＦ）等人道救援機構進入現場，拯救生命、發配緊急且必要的帳篷、糧食、疫苗等。等到現場狀況穩定下來，人道支援機構就可以撤退，接著由聯合國開發計畫署（United

Nations Development Programme，UNDP）、聯合國糧食及農業組織（Food and Agriculture Organization，FAO）接棒，朝地區開發的方向邁進。

但實際執行過才發現，這套劇本根本行不通。為什麼？像聯合國兒童基金會這類的國際性人道救援機構，他們早已習於投入第一線，具備處理緊急狀況的能力，因此當他們退場時，當地幾乎仍處於嚴重的衝突之中，這時要聯合國糧食及農業組織等開發性的機構進場幾乎不可能，實在太危險了。結果不管是南斯拉夫也好、非洲也好，許多國家接受完人道救援之後，幾乎處於被國際社會「棄之不顧」的狀態，光以一九九〇年來看，發生戰爭的國家有一半以上在五年之內又陷入戰爭的狀態。換句話說，把「人道支援」與「開發支援」分開來做，二者沒有「良好地結合」，導致更多人喪命。

緒方老師就是常以現場角度思考的有識之士。他指出聯合國在一九九〇年「人道」與「開發」分離的問題所在。他認為國際機構太強調把「自己能做的」帶到現場，而非回應現場人們的需求，也就是國際社會陷入了「供給面思考」的迷思。他更進一步提出，若想要順利地「結合」人道與開發活動，必須從「需求面」，也就是站在現場接受支援者的角度思考，掌握他們真正的需求，國際資源配合這些需求來提供協助。換言之，我們需要「從現場需求回推，擬定出必要的制度」演繹性的思考模式。

緒方老師強調，其中最重要的概念是從現場人們的角度來看，只要是人生存所面臨的課題全都「息息相關」。在戰爭結束後的現場，對於抱著年幼孩子的父母親來說，從今天的食物、廁所、衛生、藥品、遮風避雨的地方等維持生命的需求，到小孩的教育與收入等非急迫性的需求會同時發生。這裡面交錯著複雜的情況與人際關係，只滿足其中一塊並沒有意義。也因此，當聯合國採用嚴密區分領域的做法，像是聯合國兒童基金會負責兒童、世界糧食計畫署負責糧食、世界衛生組織（World Health organization，WHO）負責保健等，到了現場就會碰到這層障礙，無法有效協助當地人民。「人類安全保障」的政策概念正是為了解決這項問題。先站在人們的立場找出各項課題的關聯性，最後的目標則是改革聯合國的組織。

「人類安全保障」的理論由緒方老師和另一位諾貝爾經濟學獎得主阿馬蒂亞・森（Amartya Sen）教授建構出來，對於聯合國在二〇〇〇年間的活動整合產生很大的影響。例如，二〇〇五年時任聯合國秘書長科菲・安南（Kofi Annan）提出的報告《追求更大的自由：邁向共享之發展、安全保障以及人權》（*In Larger Freedom*）中，就認為聯合國應該整合各項關於和平、發展、人權的活動。本書將會詳細說明「更大的自由」這句話寫在SDGs文件開頭的意義，以及這概念如何從根本支持著第二次世界大戰後的國際社會。其中，我們會看到人類安全保障這個從現場出發的思考視角如何扮演著重大的角色。

「連結」和平、發展、人權與地球環境的SDGs

除了上述戰爭與發展的難題，人類從一九五〇年以後歷經的全球性經濟成長，逐漸造成地球環境負擔，進而也對人類帶來負擔。我想各位讀者也很清楚，以日本來說，一九五六年水俁病的起因（排放含汞廢水導致）得到確認，一九六〇年石油化學煉油廠排放的光化學煙霧（Photochemical smog）等物質引發四日市哮喘事件，類似公害事件層出不窮。連擁有一千多種生物品種而自豪的琵琶湖也在六〇年代遭受農藥汙染、七〇年代受到化學物質汙染、八〇年代受到優養化（Eutrophication）汙染。由於世界各地的自然環境遭受破壞，聯合國在一九七二年召開聯合國人類環境會議（通稱斯德哥爾摩會議），一九八四年成立世界環境與發展委員會（World Commission on Environment and Development，WCED，也稱布倫特蘭委員會）。

一九八七年布倫特蘭委員會提出報告，人類若持續這樣的消費樣態，早晚地球資源會消耗殆盡，而這個危機感也成為聯合國官方的議題，提出「永續性」（sustainability）的定義：不因目前世代的需求預先支用未來世代的資源或債留子孫（更精準地來說，把永續性發展定義為「滿足當代的需求但不損害未來世代滿足需求能力的發展」）自此，永續性的觀念迅速成為國際社會的主流。緊接著一九九二年在里約舉辦的聯合國環境與發展會議（The United Nations Conference on Environment and Development，UNCED，也稱地球高峰會），地球暖化成為全球關注的議題。一九九七年在日本京都召開第三次氣候變化綱要公約締約國大會（Conference of the Parties），當時我在外交部負責人權部門，辦公位置就剛好在環境部門旁邊因而印象深刻，內心感嘆環境終於成為重大議程了。

最重要的是，西元二〇〇〇年後愈來愈多人有相同的想法，我們對環境的期望以及對和平、人權的期望追根究柢其實殊途同歸，人類擘畫的美好世界和希望留給子孫們的美好世界是同一件事，因此應該建構一個更大的架構來思考這些事。二〇〇〇年聯合國採用MDGs就是SDGs前身，主要協助發展開發中國家，但一個社會想要永續成長，不可能不顧慮環境保護。換句話說，不顧慮環境保護而開發，六〇年代先進國家所承受的公害苦果很可能再度重演。包括地球暖化等環境相關的議題，追根究柢其實來自社會性因素，例如階級分化就是很大的驅動力。

二〇一二年，開發中國家哥倫比亞和瓜地馬拉在聯合國永續發展會議（The United Nations Conference on Sustainable Development，後來通稱里約＋20）中提案，聯合國應將「和平、發展、人權」與「環境、永續發展」這兩項大議題合併成一個大目標，這樣的想法可以說是順應潮流、非常合理。於是，聯合國在接下來的三年中，致力於擬定「二〇三〇議程」，希望建構出一個更大的架構整合現行的ＭＤＧｓ體系，以及永續發展的體系。終於在二〇一五年九月二十五日到二十七日舉辦的「永續發展高峰會」中，聯合國大會決議推動《改變我們的世界：二〇三〇年議程永續發展》，也就是現今大家熟知的ＳＤＧｓ。

超越世代，迎接任何人都能活得像自己的世界

在銳不可當的趨勢中萌生的ＳＤＧｓ，包括十七項目標、一百六十九項指標，其本身的世界觀規模龐大到令人屏息。ＳＤＧｓ濃縮了人類從遠古至今歷史中所學到的智慧，以及想傳達給下一個世代的訊息，是我們希望留給未來子孫的世界。但是，光看著聯合國設計出的這十七個精美簡潔圖示（我個人也很喜歡，參見圖1-5）無法著手執行，上述的世界觀也不是深入研究這一百六十九項指標就會產生。不過只要細讀ＳＤＧｓ文件你會發現在前言、宣言中到處可以看到這樣的字眼：

- 超越世代（present and future generations）今世後代。

- 所有人（leaving no one behind）不遺漏任何人，不丟下任何人。
- 活出自己（in larger freedom）更大的自由。
- 活得好（well-being）的世界。

這就是我對SDGs世界觀的解釋。這些字句都可以明確地在聯合國SDGs文件中找到，我們可以從中感受到這些話語背後都有一個巨大的歷史與思想支持，也包含了人類對現在與未來世代的期望。如果沒有先理解這樣的世界觀，只顧著針對SDGs個別的目標片面地努力，對我來說只是重蹈了聯合國在九〇年代的覆轍。現在我們要做的，應該是讓國際社會所有的行為主體，對同一個世界觀產生共鳴，然後朝著同一個目標把所有的事情「連結」在一起，不是嗎？

為什麼企業也追求SDGs

我寫這本書的目的，是盡可能讓更多企業經營者閱讀此議題。雖說言及至此全然未提及企業之事，或許有些讀者已經感到著急，接下來我要告訴各位，為何企業也要追求

SDGs。

實際上我在二〇一四年轉到民間工作，最直接的理由是聯合國雖然進行人道救援或地區開發，但現實情況卻是前線常常斷炊，也就是錢不到位。聯合國的預算來源就是各個國家的稅金，所以當中沒有「利益」的概念，和政府開發援助一樣，都是用來支援開發中國家的資金，用完就沒了。錢用完了怎麼辦呢？當然是工作全面停擺。在聯合國的現場，這樣的狀況屢見不鮮，一旦錢用完了，救護車、糧食支援、學校的運作全部停擺。最慘的狀況是停擺不到一年，前面的努力又付諸流水，一切回到原點。

在聯合國前線工作的職員最渴望的事情是「追加資金」，但這解決不了問題。因為當一件事不能持續性地產出價值，並讓人願意投入資金擴大生產，簡單來說，以「利益」的概念來運作，社會就不會持續投入，但聯合國不允許活動產生利益，如此一來，開發支援的過程就會產生很大的矛盾。二〇一〇年我被聯合國派駐到巴基斯坦進行人道救援工作三年，感觸很深，那裡的情況也一樣，國際社會的官方支援與民間企業的投資，這兩項重要的資金挹注完全沒有「結合」在一起。為了「結合」這些資源，我辭去聯合國的工作，轉而進入日本的顧問公司。這對我來說是人生中非常大的轉捩點。

另一方面，進入企業界後我發現很多經營者都抱持著良好的理念，他們經營企業不光只為了賺錢，而是希望在尋求利益的過程中能確實地為社會帶來貢獻。Global Compact Network Japan代表董事、富士全錄公司（Fuji Xerox）〔二〇一四年四月起，該公司更名為富士軟片資訊有限公司（FUJIFILM Business Innovation）〕前社長有馬利男（Arima Toshio）就是其中的代表。我和有馬董事交談過後明顯感受到他有這樣的世界觀。他認為企業的存在意義是讓錢流通、產生利益、裨益社會。這樣優秀的經營者思維完全符合SDGs建構的世界觀，不禁使我認為，這世界更需要的其實是優秀的經營者。

現在我認為企業應致力於SDGs的最大的理由是，「企業持續獲利的同時，應該讓社會變得更加美好」。SDGs就是現代社會對於「美好」具體化的概念。因此，企業活用SDGs賺錢獲利，就和企業的社會性意義，或說企業本身的存在意義相符。

但是，單單贊同SDGs的世界觀，一味地對社會做出貢獻，企業也無法賺錢。特別是把SDGs的各項指標，像收集徽章一樣對應在自家公司的活動上，「我們做了這點，打勾」「我們做了那點，打勾」，用拼湊的方式執行SDGs行不通。企業經營者必須真正地理解SDGs背後的意義，把SDGs「融入」經營中，然後思考企業該怎麼做才能持續獲利同時貢獻社會，這時思考方式就會充滿嶄新的策略、發想，同時又能為社會帶來良善。本書試著挑戰透過「結合」累積式的歸納法與回推式的演繹法，解釋企業如何使利益與

ＳＤＧｓ揭櫫的世界觀並行不悖。其次，我會說明什麼樣的組織才能具備多樣性與包容性，以及ＥＳＧ投資和利益之間存在著多麼密切的因果關係，釐清其中的「連結」。

當然，我希望本書不只啟發經營者，而是所有人。希望我們都能從ＳＤＧｓ所投射的美好未來中獲得啟發。期待未來能建構出一個超越世代，讓所有人活出自己、活得好的世界。這個願景的成功與否，關鍵就在我們現今這個時代。

二〇二〇年八月　田瀨和夫

2015年9月25日
全世界193個國家在大會中一致通過SDGs
照片：Newscom／Aflo

第1章

願2030年 世界已經達成17項目標

以人類共存為目標的兩大趨勢——SDGs誕生

人類的生存策略是什麼？人類的身體絕對說不上強韌，說不定戰鬥力還輸給一隻貓。即使如此，人類依然可以君臨金字塔頂端，這是因為人類擁有透過「**教育**」這個只要使用文字和語言就可以把知識傳給下一代的手段。人類透過教育這個生存策略創造了文明，相對地，翻開歷史篇章，我們更多時候是用它來互相殘殺。「戰爭」就是為了「贏過對方」所擬定的生存策略。人類於十五世紀發明火槍，但直到二十世紀發明核子武器後才終於醒悟，再這樣互相殘殺最後可能同歸於盡。就這樣，人類的生存策略產生了一個新的共識，那就是「共存」。

這份文件的最大官方版本就是**《聯合國憲章》**（*Charter of the United Nations*）。一九四五年第二次世界大戰結束，人類史上第一次訴求「共存」的組織——聯合國誕生了。《聯合國憲章》是人類第一次從全體的角度、以共存為策略宣示的文件，在序言表明了人類的決心（圖1-1）。

圖1-1 聯合國憲章序言

我聯合國人民，同茲決心，欲免後世再遭今代人類二度身歷慘不堪言之戰禍，重申基本人權，人格尊嚴與價值，以及男女與大小各國平等權利之信念，創造適當環境，俾克維持正義，尊重由條約與國際法其他淵源而起之義務，久而弗懈，促成大自由中之社會進步及較善之民生，並為達此目的力行容恕，彼此以善鄰之道，和睦相處，集中力量，以維持國際和平及安全，接受原則，確立方法，以保證非為公共利益，不得使用武力，運用國際機構，以促成全球人民經濟及社會之進展，用是發憤立志，務當同心協力，以竟厥功。

（譯註：節錄聯合國官網中文版）

宣示不再重複戰爭慘禍的人類自此致力於三項目標，不再戰爭（和平）、讓人不再捱餓（發展），以及不要剝奪人生下來所擁有的可能性（人權）。戰後的政治結構與經濟結構基本上都是在聯合國設定的架構下發展。

話雖如此，一九八九年美國和蘇聯冷戰結束後，全世界各地接連發生戰爭。以一九九一年爆發的波斯灣戰爭為開端，索馬利亞、獅子山共和國、科索沃、波士尼亞、車臣、阿富汗、東帝汶、巴拿馬、盧安達等國，都發生了激烈、長期、足以家毀人亡的戰爭（圖 1-2）。在這些國家，許多人失去生命，人民被剝奪活出自己的權利，正因如此，聯合國守護人權、實現和平的角色顯得格外重要。

九〇年代發生的變化——全球化

九〇年代國際社會發生了很大的變化。戰爭導致國家無法運作，亦或即使正常運作仍有許多控制不了的問題。關鍵就在於全球化。資通訊技術普及化，加上飛機、船舶等移動工具普及，人和物得以大量移動，導致經濟層面變化巨大，像是跨國公司崛起、金融交易國際化、國際市場成形等。但另一方面，人與物的移動加速也帶來負面影響，例如**傳染病的流行**

圖1-2 1987年東西冷戰結束前後，世界各地爆發內戰

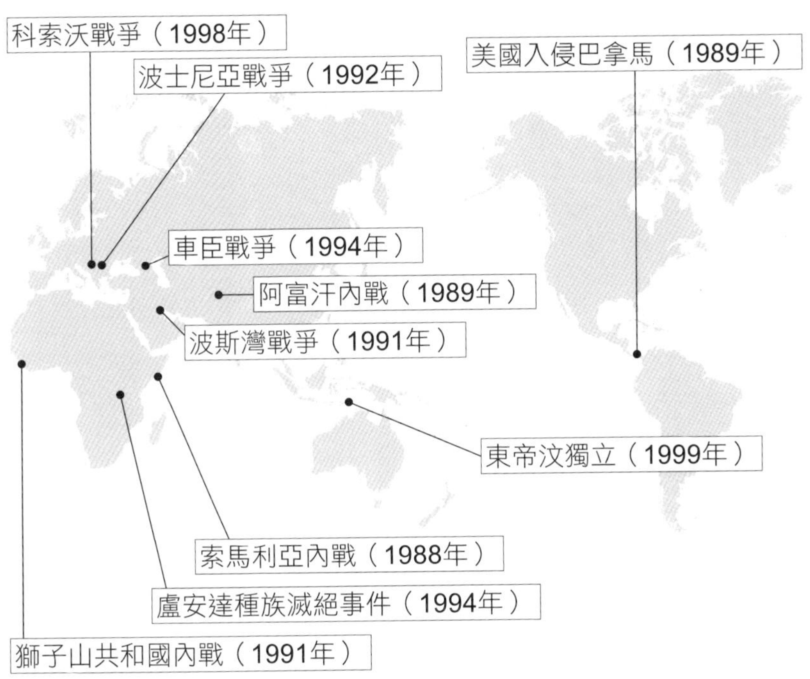

愈來愈常見。

根據聯合國世界旅遊組織（World Tourism Organization，WTO）以及國際民用航空組織（International Civil Aviation Organization，ICAO）的統計，一九九三年到一九九七年之間，無論地球上的哪一個區域，航空器移動的班次都增加了三〇%到四〇十%以上。全球性的移動規模增加，更加大了控制傳染病的難度。實際上，二〇〇三年嚴重急性呼吸道症候群（SARS）造成全球性的大

流行，二〇二〇年新冠肺炎（COVID－19）疫情也一樣。全球化使得世界各國相互依存，國境劃分早已失去意義，結果就是要以全球性的規模來掌控問題難度大增。

聯合國、國際社會對於環境保護的動向

另一方面，在全世界經濟持續成長的八〇年代，人們開始擔憂如果消費持續擴大地球生態很可能無法負荷，於是「**永續發展**」（Sustainable Development）的概念出現了。環境保護與經濟成長並非互相排斥，而是可以齊頭並進、互相支持，這種想法顛覆了過去的見解，過去我們總覺得為了環境保護必須犧牲經濟成長。

重新定義經濟成長，比如說，我們可以透過技術開發保全資源，也可以增加環境保護相關的投資機會，把環境保護與經濟成長定義為社會發展的雙輪。一九八四年，**聯合國成立世界環境與發展委員會**。三年後該組織在最終報告書❶中，第一次使用了「永續」這個詞彙。其背後真正的含義是，「滿足當代的需求但不損害未來世代滿足需求能力的發展」，自此大家開始能接受這樣的觀念：不要為後代子孫增加負債，而是留資源給他們。

一九九二年聯合國在在巴西里約熱內盧舉辦聯合國環境與發展會議，當時幾乎所有的聯

合國一百七十二國會員政府都派代表參加。此聯合國環境與發展會議發表了《里約宣言》，以永續發展為目標建構全球規模的夥伴關係，具體原則包括減緩氣候變遷的國際性公約《氣候變遷綱要公約》（*United Nations Framework Convention on Climate Change*），以及維持生物多樣性的《生物多樣性公約》（*Convention on Biological Diversity*），還有整理各國政府應採取的行動，包括四個領域四十個項目的《二十一世紀議程》（*Agenda 21*）。其中，《氣候變遷綱要公約》影響到後來一九九七年的《京都議定書》（*Kyoto Protocol*）以及二〇一五年的《巴黎協定》（*Paris Agreement*）。

MDGs應運而生

進入二〇〇〇年代，繼承和平、發展、人權系譜而形成的MDGs應運而生。MDGs是二〇〇〇年九月聯合國在紐約舉辦的千禧高峰會中，由各國領袖批准的《聯合國千禧年宣言》，再統整九〇年代主要的國際高峰會中決議的國際發展目標後，歸納出共通的大架構。MDGs揭示了八項目標，希望在二〇一五年消除極度貧困、飢餓等問題。

MDGs的八項目標

①消滅極端貧窮和飢餓。
②實現普及初等教育。
③促進性別平等並賦予婦女權力。
④降低兒童死亡率。
⑤改善產婦保健。
⑥與愛滋病毒／愛滋病、瘧疾以及其他疾病對抗。
⑦確保環境的永續性。
⑧全球合作促進發展。

針對MDGs所揭示的具體目標，全世界在十五年內團結一致地努力改善獲得了很大的成果。例如，在極端貧窮線下生活的人數從十九億人減少一半以上，只剩八億三千六百萬人，發展中國家的初等教育就學率從八〇％增加到九一％。[2]

但目標達成的背後仍存在國家和區域上的落差，沒有得到MDGs照顧的「被遺忘的人們」與「各種差別待遇」仍明顯存在。

兩股巨大的潮流統合為SDGs

從永續的觀點出發，大家討論如何防止地球暖化和可持續性的開發時，通常從兩個層面深入，一個是從「減緩」的層面，也就是擬定對策減少排放或吸收溫室氣體（Greenhouse gas），一個是從「適應」的層面，也就是適應溫室氣體已造成的影響。在持續討論中，慢慢地大家意識到聯合國憲法中的「和平、發展、人權」以及世界環境與發展委員會決議的「環境、永續發展」，這兩個觀念所指向的理想世界其實如出一轍。

二〇〇五年時任聯合國秘書長科菲・安南（Kofi Annan）發表了以《追求更大的自由：邁向共享之發展、安全保障以及人權》❸（圖1-3）為

圖1-3 聯合國秘書長發表年度報告

科菲・安南（二〇〇五年三月）
照片：路透社／Aflo

題的年度報告，認為應該統整聯合國的活動。接著，在二〇一二年聯合國永續發展會議在里約＋20的籌備會議中，哥倫比亞和瓜地馬拉提議應將這兩大思想潮流合併成一個文件，這就是聯合國採納SDGs的第一步（圖1-4）。

SDGs的誕生

二〇一二年聯合國永續發展會議在巴西里約熱內盧舉辦，距離上次一九九二年在里約熱內盧舉辦的聯合國環境與發展會議（地球高峰會）已經相隔了二十年。本次的提案事先統合了MDGs並製成文件，最後經由當時聯合國一百九十三個會員國同意後成形。就在MDGs二〇一五年底期限將至之時，二〇一五年九月聯合國大會全體會員一致通過新的文件，就是《改變我們的世界：二〇三〇年議程永續發展》。❹

通過大會決議的這份文件通稱為《二〇三〇可持續發展議程》（*The 2030 Agenda for Sustainable Development*）。這份以英文寫成共三十五頁文件，文中列出十七項目標、一百六十九項指標做為永續發展目標，SDGs就涵蓋在這份議程中。SDGs不僅銜接MDGs無法達成的課題，還包含了經濟成長、社會融合、環境保護等會相互影響的各項課

圖1-4「和平、發展、人權」體系與「環境、永續性」體系的統合

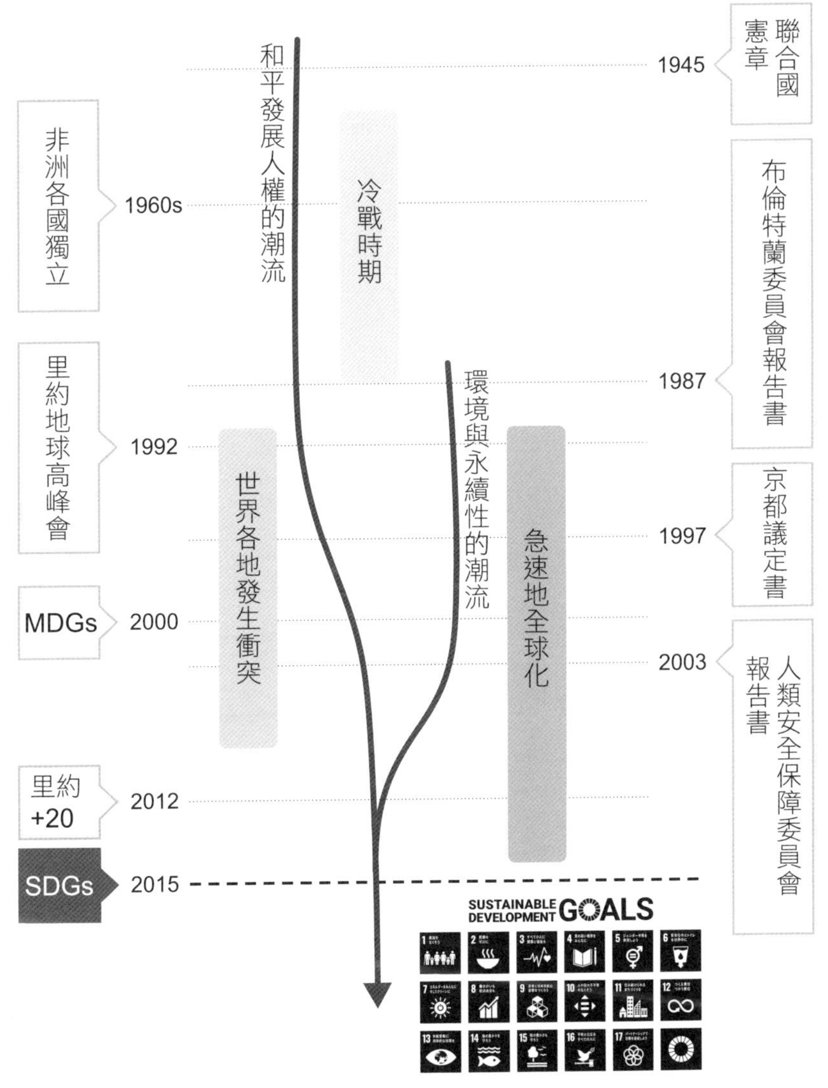

題，並提出統一性的對策。相對於ＭＤＧｓ的對策只針對開發中國家擬定，ＳＤＧｓ更為普遍，不分開發中國家或先進國家，而是以所有國家為對象。

接下來回到我們開頭的話題。

人類君臨物種的頂點、掌握世界霸權是因為擁有教育這項生存策略。但沒想到人類從教育衍生出新的生存策略就是與他國交戰，幾十萬年以來人類歷史一直都在互相殘殺。二十世紀中葉，人類從反省出發，催生了《聯合國憲章》，「共存」成為新的生存策略。

撇開過去不是勝者就是敗寇，不是你死就是我亡的二元論觀念，ＳＤＧｓ提出了「**永續共存**」的新策略。二〇一五年九月聯合國一百九十三個會員國，全體一致採用這種共存策略，也意味著人類已經達到某種成熟度。人類物種自誕生以來歷經二十萬年漫長歲月，終於提出共通的理想，雖然只有短短的十五年，但至少是在大家都同意的情況下具體描繪出理想的未來。不誇張地說，這份文件可說是總結了地球上七十億人口的意見，是人類生存策略發展的巔峰，劃時代的事件。（圖 1-5）

接下來就是接受考驗的時刻，ＳＤＧｓ揭示人類共通的理想世界，能否在二〇三〇年實現。我們正站在歷史的轉捩點上。

圖1-5 SDGs與人類生存目標的連結

人類史上第一次的共存策略《聯合國憲章》中加上時間的維度，
同意以這份文件描繪出2030年人類理想的存在狀態

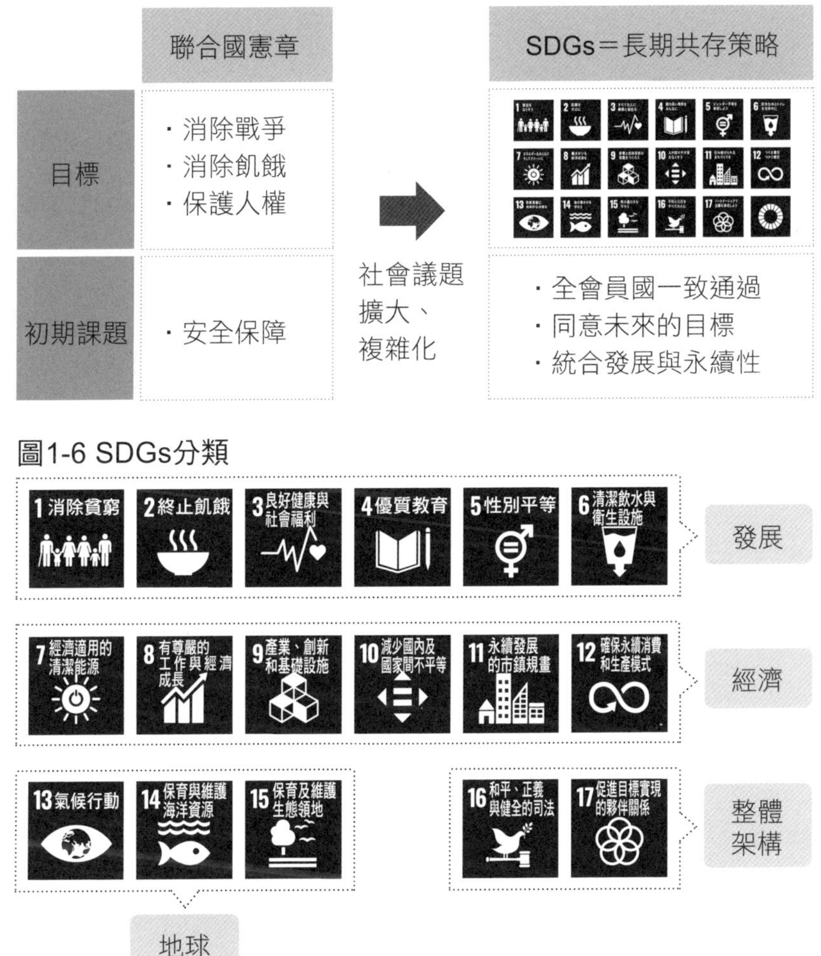

出處：根據聯合國公共關係中心提供數據製圖

圖1-7《2030可持續發展議程》的構成

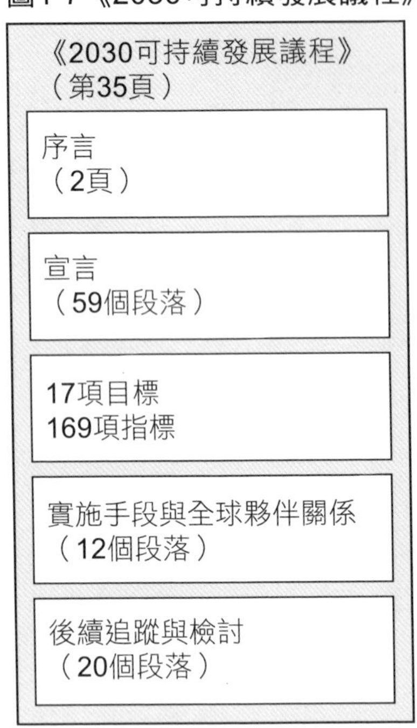

從序言和宣言的內容
解讀貫穿文件全文的
世界觀才是最重要的

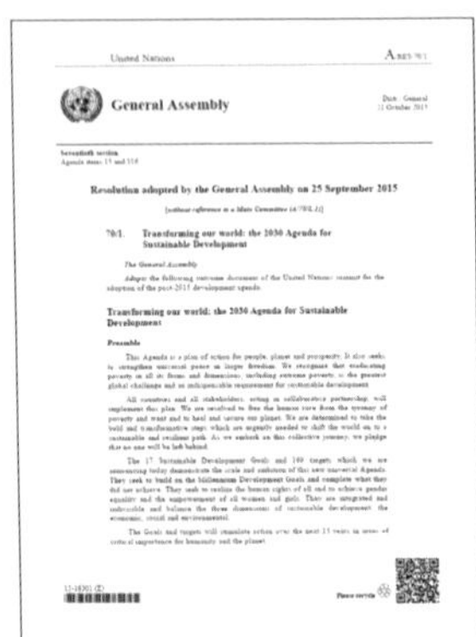

United Nations

General Assembly

Resolution adopted by the General Assembly on 25 September 2015

70/1. **Transforming our world: the 2030 Agenda for Sustainable Development**

Transforming our world: the 2030 Agenda for Sustainable Development

Preamble

《2030可持續發展議程》的序言。
出處：聯合國網站（https://www.un.org/）

ＳＤＧｓ的結構

ＳＤＧｓ的十七項目標可區分為四大類（圖1-6）。前面六項目標主要是跟發展有關，接下來六項主要跟經濟有關，再後面三項跟地球環境有關，最後兩項是支持整體的架構。每項目標都有詳細、定性、定量的指標，全部共列出一百六十九道課題。

必須留意的是，光讀完這十七項目標、一百六十九項指標，不一定能了解ＳＤＧｓ所指向的世界觀。前面提到由三十五頁組成《二〇三〇可持續發展議程》，前兩頁是序言，宣言的部分分成五十九個段落，接著列出一百六十九項指標，再後面的十二個段落則是實施手段和全球夥伴關係，最後面的二十個段落則是後續追蹤與檢討（圖1-7）。

其實，**理解ＳＤＧｓ整體思想的重要提示**，就隱藏在序言和宣言的部分。

解讀SDGs的世界觀

前面說明了SDGs誕生的背景和成立過程，但我想還是有很多讀者看完SDGs似懂非懂。為什麼會這樣？因為SDGs的十七項目標與一百六十九項指標只是篇幅龐大的《二〇三〇可持續發展議程》文件中的一部分而已。這份文件和《聯合國憲章》一樣，前文從目標崇高的宣示展開，然後列出數值目標與實施手段，最後從目標崇高的宣示展開後續追蹤。這裡，我將通過四個關鍵字，為大家解讀這份文件究竟傳達出什麼樣的世界觀。

關鍵字1「所有人」

《二〇三〇可持續發展議程》序言的第二段堅決地宣示「不遺漏任何人」（no one will be left behind），這句話有兩層意義。

圖1-8 下滲理論反而造成貧富差距擴大

1990年代到2000年假設的下滲理論（Trickle-Down Theory）
不但沒有成真，反而還讓貧富差距擴大

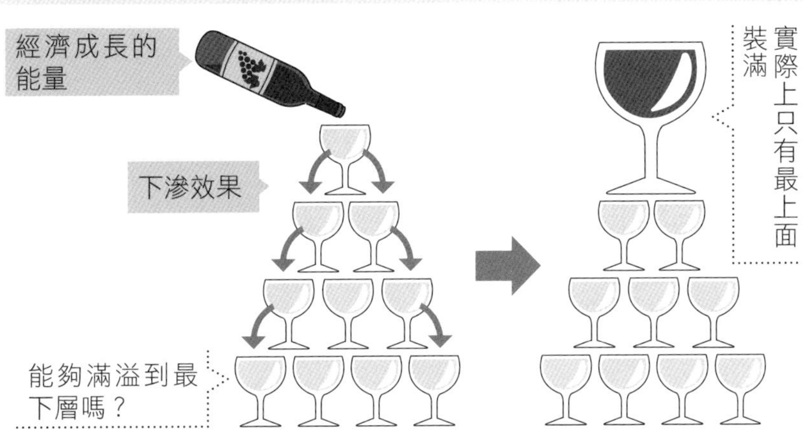

第一層意義是針對二〇〇〇年MDGs時代過於強調「成長」所做的改變。大家可以想像有一座用香檳杯疊成高塔的畫面。從頂端的那杯開始倒入香檳，滿出來的香檳會不斷往下流，直到最下層的香檳都被注滿。下滲理論就是以這樣思維創造出來的經濟理論，「讓富者愈富，經濟活動就會活絡起來，讓貧窮的人也有機會重新分配財富」（當政府給予資本家更多的優惠和有利的政策，將能夠吸引投資進而改善整體經濟，讓下層貧困階級因大環境變好而受惠。）。在一九九〇年到二〇〇〇年間，許多國家的經濟政策就是根據這個理論制定並實施。但實際情況並不如想像，僅有最上層的那只杯子不斷

圖1-9「所有人」都能參與策畫的社會

《2030可持續發展議程》（第35頁）

序言（2頁）

宣言（59個段落）

17項目標
169項指標

實施手段與全球夥伴關係（12個段落）

後續追蹤與檢討（20個段落）

序言第二段

All countries and all stakeholders, acting in collaborative partnership, will implement this plan. We are resolved to free the human race from the tyranny of poverty and want and to heal and secure our planet. We are determined to take the bold and transformative steps which are urgently needed to shift the world on to a sustainable and resilient path. As we embark on this collective journey, we pledge that **no one will be left behind**.

不遺漏任何人
no one will be left behind

①沒有階級落差的世界
②社會的少數不會被排除在外的世界
→「**所有人**」都能參與策畫的社會

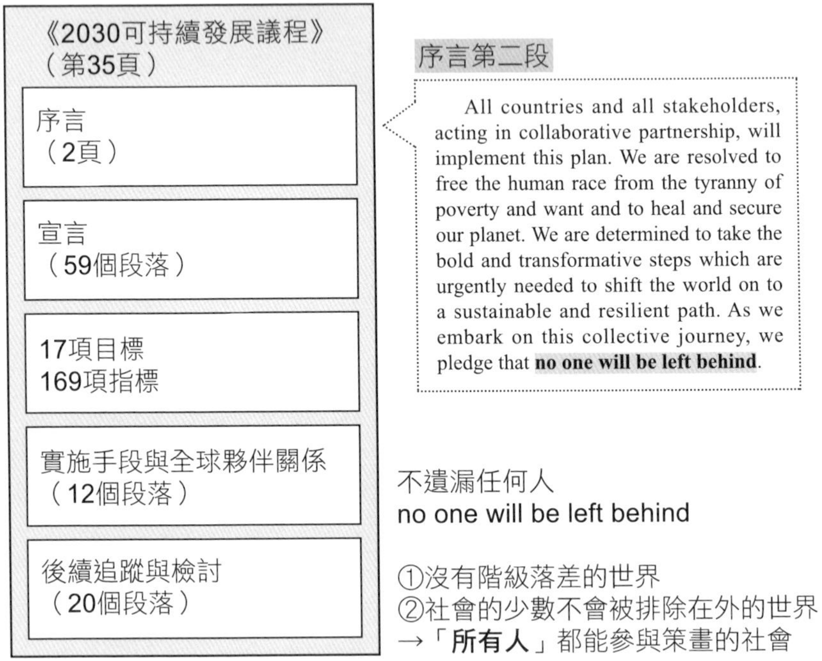

變大、裝滿香檳，香檳並不會流到下層的杯子，反而讓社會階級落差擴大（圖1-8）。基於此經驗與反省，SDGs指向的目標轉向創造一個「沒有階級落差的世界」。

第二層面的意義則是，期許打造一個身障者、LGBTQ〔為性少數群體的統稱，女同性戀者（Lesbian）、男同性戀者（Gay）、雙性戀者（Bisexual）與跨性別者（Transgender）、性別／取向疑惑者（Question）的英文首字母縮略字。〕等群體的權利不受到輕視，包含社會的少數族群所有人都能參與策畫的世界。同時擁有這兩層意義才能完整說明「不遺漏任何人」這句話（圖1-9）。

SDGs中並沒有直接提到LGBTQ或長者等字眼，但SDGs所提及的「所有人」其實就包含了這些族群。

關鍵字2「活出自己」

在序言的第一段，也就是這份文件的開頭中有提到，必須在和平的狀態下實現「更大的自由」。這樣的字句同樣出現在《聯合國憲章》的序言，還有前面提到的安南．科菲在年度報告使用的標題。這句話表達了一個重要的思想，那就是「所有人都應該擁有更多的人生選項」，這同時也是支持現在國際社會基礎的重要概念。

在這裡，我要先說明一下「Freedom」這個字的重要性。日文的「自由」翻成英文有兩種翻法，一個是Liberty，一個是Freedom。Liberty指的是「不受他人拘束的自由」。美國紐約的自由女神像（Statue of Liberty）手上拿著《獨立宣言》，象徵著掙脫英國束縛的自由。至於Freedom指的是「**在人生之中有很多選擇**」。

在溜冰界創下許多傲人成績的溜冰選手羽生結弦（Yuzuru Hanyu），看過他表演的人一定對他的技巧和表現印象深刻。他在冰上表演的自由度和地球大多數人類相比，絕對高出許多。羽生選手在冰上能做到的事情和選項比一般人多很多，這些選擇的基礎就來自他長年的經驗、練習、思想和哲學。這種自由就是Freedom，也就是「能做的事情變多」「能做的選擇很多」（圖1-10）。

《聯合國憲章》的序言使用Freedom這個字的理由在於，這個世界上還有很多人因為貧窮、戰爭、災害等因素而被剝奪人生的選擇權。這也是為什麼SDGs在文件中的第一段表明決意要實現「照自己的意志自由選擇未來的世界」這個目標。所謂「有許多選擇來決定自己的人生」，指的無非就是「活出自己」（圖1-11）。

關鍵字3「活得好」

在宣言的第七段，描述了SDGs擘畫的理想世界，「我們期望創造的世界應該是所有的生命繁榮，而且確保所有人在身體、精神、社會各層面都能活得好（well-being）的世界」。在序言講到「Prosperity」（繁榮）的段落中也提到，希望能實現一個所有人在身體、

圖1-10 兩種自由

Liberty

不受拘束的自由

自由女神像手上捧著象徵「掙脱英國束縛的自由」的《獨立宣言》。

照片：photoAC

Freedom

能做的選擇很多

以「冰上的自由」來説，羽生選手在「能做到的事情」和「能做的選擇」比一般人多很多。

照片：kiyoshi Sakamoto／AFLO

精神、社會層面都能「活得好」的社會。這裡使用的well-being（福祉）這個字，在世界衛生組織的憲章中也有使用❺。世界衛生組織把健康定義為「不單指不生病，還要確保身體、精神、社會層面的福祉都獲得滿足的狀態」。從這點我們可以了解，在SDGs描繪的理想世界中，這種「活得好」的概念也是非常重要的要素（圖1-12）。

近年，愈來愈多企業將改善員工福祉納入管理，也有愈來愈多企業把這樣的概念導入經營之中，用來提升生產力。

谷歌（Google）發表了一份報告

圖1-11「活出自己」的人生

《2030可持續發展議程》（第35頁）

- 序言（2頁）
- 宣言（59個段落）
- 17項目標 169項指標
- 實施手段與全球夥伴關係（12個段落）
- 後續追蹤與檢討（20個段落）

序言第一段

Preamble

This Agenda is a plan of action for people, planet and prosperity. It also seeks to strengthen universal peace **in larger freedom**. We recognize that eradicating poverty in all its forms and dimensions, including extreme poverty, is the greatest global challenge and an indispensable requirement for sustainable development.

更大的自由 in larger freedom

①能做的事情變多
②有許多選擇來決定自己的人生
→「**活出自己**」的人生

說明福祉與提升勞動生產力、降低離職率之間的關係，引起世界矚目。谷歌為了研究表現特別突出的團隊有什麼樣的特質，在二〇一二年擬定「亞里斯多德計畫」（Project Aristotle）來調查。古代希臘哲學家亞里斯多德曾說「整體大於部分總和」，因此用來命名計畫名稱。經過研究發現，效率最高的團隊有一個最重要的特質，那就是「心理安全感」（Psychological Safety）❻。

所謂的「心理安全感」指的是，在人際關係中做出判斷後的發言或行動，引發其他人的接受方式；如果相信自己在團體內部不管做出什麼樣的行動都不會遭到拒絕或處罰的話，就是擁有心理安全感。心理安全感高的團隊有幾個特徵，像是很容易接受別人的

圖1-12「活得好」是SDGs不可或缺的要素

《2030可持續發展議程》（第35頁）

- 序言（2頁）
- 宣言（59個段落）
- 17項目標　169項指標
- 實施手段與全球夥伴關係（12個段落）
- 後續追蹤與檢討（20個段落）

宣言第七段

Our vision

7. In these Goals and targets, we are setting out a supremely ambitious and transformational vision. We envisage a world free of poverty, hunger, disease and want, where all life can thrive. We envisage a world free of fear and violence. A world with universal literacy. A world with equitable and universal access to quality education at all levels, to health care and social protection, **where physical, mental and social well-being are assured**.

我們期望創造的世界應該是所有的生命繁榮，而且確保所有人在身體、精神、社會各層面都能**活得好**的世界

→「**活得好**」（well-being）是總括地了解SDGs時，不可或缺的重要概念。

點子並加以活用、獲利性提高、離職率低等。也就是說，這項計畫證明了只要提高每一位成員的福祉，整個團隊的勞動生產力和業務效率就能獲得改善。

「活得好」（Well-being）不只可以直接用來表達SDGs的世界觀，也是實現SDGs擘畫的理想世界不可或缺的要素，同時將是未來所有國家企業都需要採納的重要概念。

圖1-13「超越世代」，實現人類的理想

《2030可持續發展議程》（第35頁）

- 序言（2頁）
- 宣言（59個段落）
- 17項目標　169項指標
- 實施手段與全球夥伴關係（12個段落）
- 後續追蹤與檢討（20個段落）

序言第六段

Planet
We are determined to protect the planet from degradation, including through sustainable consumption and production, sustainably managing its natural resources and taking urgent action on climate change, so that **it can support the needs of the present and future generations**.

透過可持續的消費保護這顆星球的環境，尤其氣候變遷問題必須盡早處理，讓它可以滿足這個世代以及未來世代所需。

→「**超越世代**」，實現人類的理想。

關鍵字4「超越世代」

在序言的「Planet」（地球）這個段落中明確揭示一個目標與決心，「滿足這個世代與未來世代的需求」（圖1-13），包括地球暖化等環境問題一定要在這個世代做處理，讓未來世代繼承一個永續的社會。SDGs的目標是不挪用下一個世代資源，實現「超越世代」的人類理想社會。從一九八七年在布倫特蘭委員會提出永續的概念以來，花了將近三十年的時間，終於開花成果。

從關鍵字看見未來的社會願景

把前述四個關鍵字組合起來，就能看到ＳＤＧｓ對於未來社會的願景——「超越世代、所有人、活出自己、活得好的世界」。

所以我們必須理解，ＳＤＧｓ的一百六十九項指標是在這樣的社會願景中演繹出來。反過來說，即使這一百六十九項指標沒有提到高齡化和塑膠問題，只要從這個社會願景出發思考就必然會處理這些問題。很多人要把ＳＤＧｓ導入自己的事業時，注意力總是放在這一百六十九項指標，但我必須說，假如不了解ＳＤＧｓ對未來社會想像的根本精神，就失去導入這些指標的意義了。

企業以這幅理想的未來願景為目標導入ＳＤＧｓ，不僅不會違反企業的本分和大義，反而還能實現企業的存在意義。至於企業導入ＳＤＧｓ於經營有什麼意義，讓我們先從經營事業為什麼要重視ＳＤＧｓ的理由說起。

經營事業為什麼要重視SDGs

基於三個理由

SDGs是二〇一五年九月於聯合國大會中通過的政治宣言，對會員國來說沒有任何強制的約束力。SDGs僅賦予聯合國所有會員國實行義務的決定，並透過五個常任理事國（中國、法國、俄羅斯、英國、美國）與每二年選出的十個非常任理事國所組成的安全理事會來做決議。

事實上，只要仔細讀《二〇三〇可持續發展議程》就能發現，裡面完全沒提到具體的做法，像是什麼時候、由誰去做、怎麼做才能達到這些目標或指標。技術上無法驗證是否有實現的可能，因此也沒有分配預算在這個項目。二〇一五年時，甚至連達成的標準都沒決定，就連現在也只有寬鬆的定義。

也就是說，SDGs是所有會員國都贊成、歷史上難得的偉大文件，但另一方面，

圖1-14 SDGs是開放式問題

SDGs屬於政治宣言，沒有法律的約束力，沒有特定的實現方法也沒有財源

屬於政治性宣言，沒有特定達成目標的主體

沒有必須服從的規定，也沒有法律約束力

幾乎沒有實現的方法和實現可能性的驗證方式

沒有特定的實現財源

對於實現的標準議論紛紛

就連從國家的層級也很難「定義SDGs」，更別提「對企業來說，SDGs是什麼」這種開放式提問。

對國家而言，在法律上或政治上都很難定義它。更不用說對企業或事業而言，SDGs是一個完全「由經營者的喜好決定」的開放性問題，不存在實踐的規定或指引。（圖1-14）

儘管如此，愈來愈多企業開始以SDGs為基礎，打算根本性地改變自家公司的事業。尤其是事業遍及全球的企業特別重視SDGs，綜觀全局有三個理由可以說明這個現象。

1 SDGs可以創造很大的機會

SDGs是二〇三〇年人類未來的想像願景。包括化石燃料轉為再生能源，包含網路的ICT技術普及全球、技術革新等，這些目標和措施都可以讓世界經濟繼續成長。據估算，若要實現SDGs全世界每年必須產生五到七兆美元規模的新資金❼（約新台幣一百四十三兆到二百兆元）。這就是SDGs「創造新市場」的意思。對企業來說，如果可以早一步找到新市場的商機，當然就能成為未來致勝的機會。

2 SDGs可以將風險最小化

SDGs對於氣候變遷提出的對策、對人權尊重的方向，對企業來說除了可以將自身產出的負面影響最小化，也是將自家公司經營風險最小化的關鍵。比如說，與溫室氣體排放相關的國際法規、事業與人權相關的國際法規、ESG投資的評價項目、防止腐敗的公司治理等，這些以SDGs為基礎規律企業的規範愈來愈多，其目的不只為了保護社會，同樣也是保護企業本身最佳的盾牌。從這個觀點來看，企業導入SDGs是非常合乎邏輯的事。

圖1-15　經營事業為何要重視SDGs

	效果	事例
將SDGs帶入企業經營	獲得新的商機	・再生能源、節能市場的擴大。 ・廢料的再利用、塑膠替代品市場的擴大等，以社會議題為起點的投資機會增。 ・IT、金融等相關領域的技術革新。
	將事業上的風險最小化	・降低因供應鏈的惡劣勞動環境所遭受的批評，提升信譽。 ・降低因公司不當治理所帶來的ESG風險。
	強化鞏固事業的基礎	・考慮到生物多樣性與生產者的農業。 ・支持從業員與地域性社會，視二者為一體的事業。 ・考慮到社會層面影響的事業計畫。

3 SDGs可以成為經濟活動的基礎

若以綜觀大局的角度來看待人類的經濟活動，必然會看到這樣的結構。首先，最底層是地球環境，往上一層是社會，而社會必須安定才能有再上一層的企業活動。若環境遭到破壞，漁業和農業無法維持，而以此為前提的企業活動就失去基礎。不僅如此，若內戰和難民問題愈趨嚴重，企業活動將失去過往的活力。直到近年，我們仍可以在多個國家看到這種現象。換句話說，若包含企業在內的所有的主體都導入SDGs，就等於是守護經濟社會活動的基礎。

若多點從「經營」的角度來看，企業實踐ＳＤＧｓ這件事，和企業的本分「獲利的同時，為社會帶來良善」完全一致。我們絕對不允許光是以利益為優先、為社會帶來負面影響的企業存在。但是相反地，光為社會帶來良善而不賺錢的企業也無法存續。要使這個困難的方程式成立，必須要有新的方法論才能二者兼顧。

這個新的方法論正是ＳＤＧｓ，企業活用ＳＤＧｓ來獲利，正符合企業的大義不是嗎？關於企業導入ＳＤＧｓ的大義和小義，我將在第二章詳述。

如何實踐SDGs

由內而外與由外而內

聯合國全球盟約組織（The United Nations Global Compact，UNGC）是科菲・安南在一九九九年的世界經濟論壇（World Economic Forum，又稱達沃斯論壇）上提倡，於二〇〇〇年設立。超過一萬五千個團體連署、自發性地加入，致力於打造實現永續成長的全球性架構。❽

聯合國全球盟約組織與全球報告倡議組織（Global Reporting Initiative，GRI）和世界企業永續發展委員會（World Business Council for Sustainable Development，WBCSD）共同製作了一份企業行動指南《SDG公司治理》❾於二〇一五年發表。這份《SDG公司治理》說明了企業導入SDGs時，比起以現在的事業為基礎「由內而外」的思考法，不如以社會的需求為基礎「由外而內」的思考法更為重要。確實如這份指南所說，由外而內的思考方式很重要，但能確實理解這種思考法並不容易。為什麼？因為許多公司成功「透過本業解決社會困難」的案例，大多混合了由內而外與由外而內這兩種思考法。

以黑貓宅急便聞名的大和運輸為例，大和運輸的強項之一是送到「最後一哩路」的能力。這表示他們擁有「無論客戶住在日本哪裡，我們都能掌握並提供宅配服務」的能力。近年，大和運輸把這種「最後一哩路」的能力運用在探望高齡者的服務之中⑩。

那麼，探望高齡者的服務究竟是透過由內而外，還是由外而內的路徑想出來的呢？如果把原本具備的「最後一哩路」能力應用在探望高齡者，就是由內而外。但若是觀察到配送區域有高齡者需要照顧，檢討自家公司可以做些什麼，最後想出探望高齡者服務的點子，那就屬於由外而內。

從大和運輸的例子我們可以看到，幾乎所有基於創造共享價值（Creating Shared Value，CSV）⑪創業的商業模式，都落在公司治理那張圖正中央白色的部分（圖1-16）。特別是，許多歷史悠久的日本企業，一開始就是為了因應社會的需求而創業。在這種情況下，經營者很容易以為自己公司的歷史和活動本身就是在實踐SDGs。從結果來看雖然沒錯，但這無法孕育出新的經營理論或事業。

圖1-16「SDG公司治理」的目標設定路徑

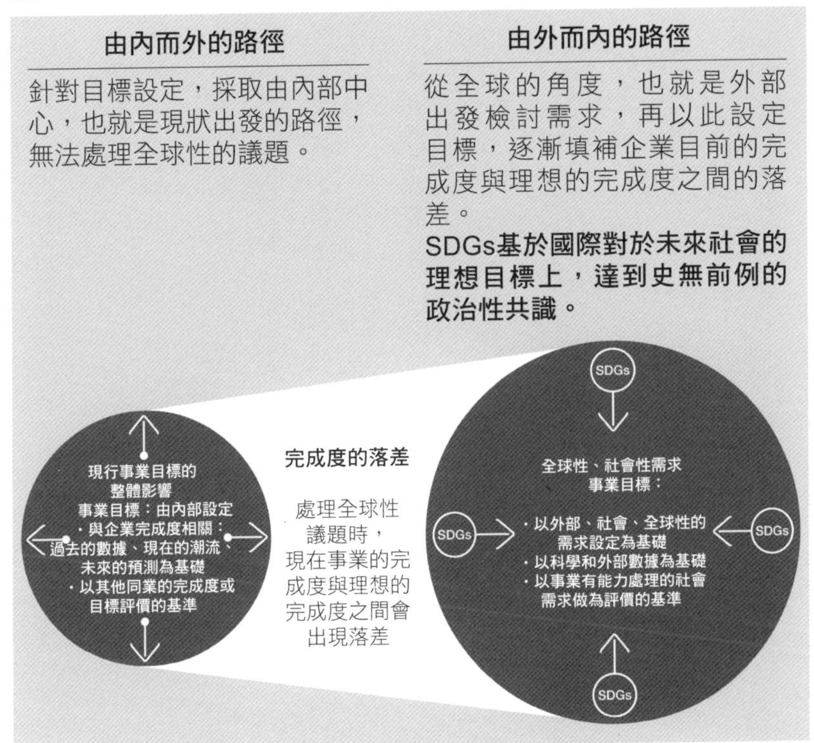

出處：聯合國全球盟約組織、全球報告倡議組織與世界企業永續發展委員會製作的《SDG公司治理》方針（日文版https://sdgcompass.org/wp-content/uploads/2016/04/SDG_Compass_Japanese.pdf）

找出有差異性的附加價值

說到導入SDGs，大部分的日本企業都這麼做：分解事業的供應鏈，找出哪些過程可以對應到SDGs的目標（或是圖示），也就是所謂的「映射」（mapping），然後再設定各自的目標值並執行。雖然這是了解自家公司事業與社會之間的關係時不可或缺的步驟，但遺憾地，想要實現事業策略和獲利，光靠映射法並不夠。

因為不管是女性的活躍（目標五：性別平等）或是紙張的節約（目標一五：保育及維護生態領地），在SDGs還沒出現前日本企業老早就做了，更重要的是，就算把目標設成KPI（關鍵績效指標）[12]都達成了，還是無法為公司創造利益。想要「產出利益與為社會帶來良善」二者兼顧，經營與管理必須在SDGs架構的上，想出真正獨特的附加價值才行。

接著在第二章，我會詳細說明兼顧「產出利益與為社會帶來良善」的基本思考方法。在第三章，我會詳細說明SDGs如何帶給企業經營「有差異性的附加價值」。

專欄——後疫情社會與ＳＤＧｓ

二〇二〇年，新冠病毒造成全球性大流行帶給人類極大的震撼，人們無法再像過去一般正常生活，同時也重擊了世界經濟。就在二〇二〇年八月二十二日當下，全世界已經超過二千三百萬人感染，確認死亡者超過八〇萬人⑬，病毒傳染的速度至今仍未有減緩的跡象。為了抑制感染擴大，政府限制人們外出，企業也不得不思考未來經商的做法。導入遠距工作的速度出乎預料地快；也重新審視過去需要直接碰面的商業習慣；愈來愈多人討論著運用數位科技改變業務型態。另一方面，也凸顯出過往工作模式缺乏彈性、脆弱的醫療制度等議題，日本社會的弱點因為這次疫情一一浮現。能否記取新冠疫情危機帶來的各種教訓並加以改變，對未來影響甚鉅。在後新冠疫情社會追求新的日常生活方式之際，我認為ＳＤＧｓ是非常重要的路標。

新冠疫情引起的「SDGs負面骨牌效應」

很多人開始發現，新冠肺炎不光帶來健康問題，甚至已經發展到關係人類的生存問題。下面我試著用圖畫的方式，把新冠肺炎引起的負面連鎖效應描繪出來。

疫情發生後經濟受到打擊，首當之衝的就是經濟上的弱勢族群。特別是發展中國家的女性，就學、工作的機會被剝奪，接著該國的消費、下一個世代的教育、技術革新的發展被受阻礙。這些狀況助長了貧富差距，在貧困階層掙扎的人們開始無法滿足食衣住等生活最低限度的需求，接著像伊斯蘭國般抱持極端思想的組織就會出現，進而和平受到威脅。在這樣的狀況下，經濟落差將持續擴大，那些為了生存耗費精力的人，將沒有更多餘裕去思考環境汙染與資源利用的問題，再加上戰爭和恐怖行動會加劇環境的破壞，最終威脅到地球的永續性。雖然這例子非常極端，但新冠疫情很可能擴大貧富差距的惡性循環，如果不預先做好應對措施，最終可能導致地球環境被破壞。

為了避免負面的連鎖效應，新冠疫情危機後的社會，人類絕對需要SDGs精神，亦即「不遺漏任何人」。回顧歷史，當社會性的危機發生，特別容易引發不可逆的價值觀轉變。比如說，以雷曼事件為開端的二〇〇八年世界金融危機發生後，人們追求的價值觀從「更

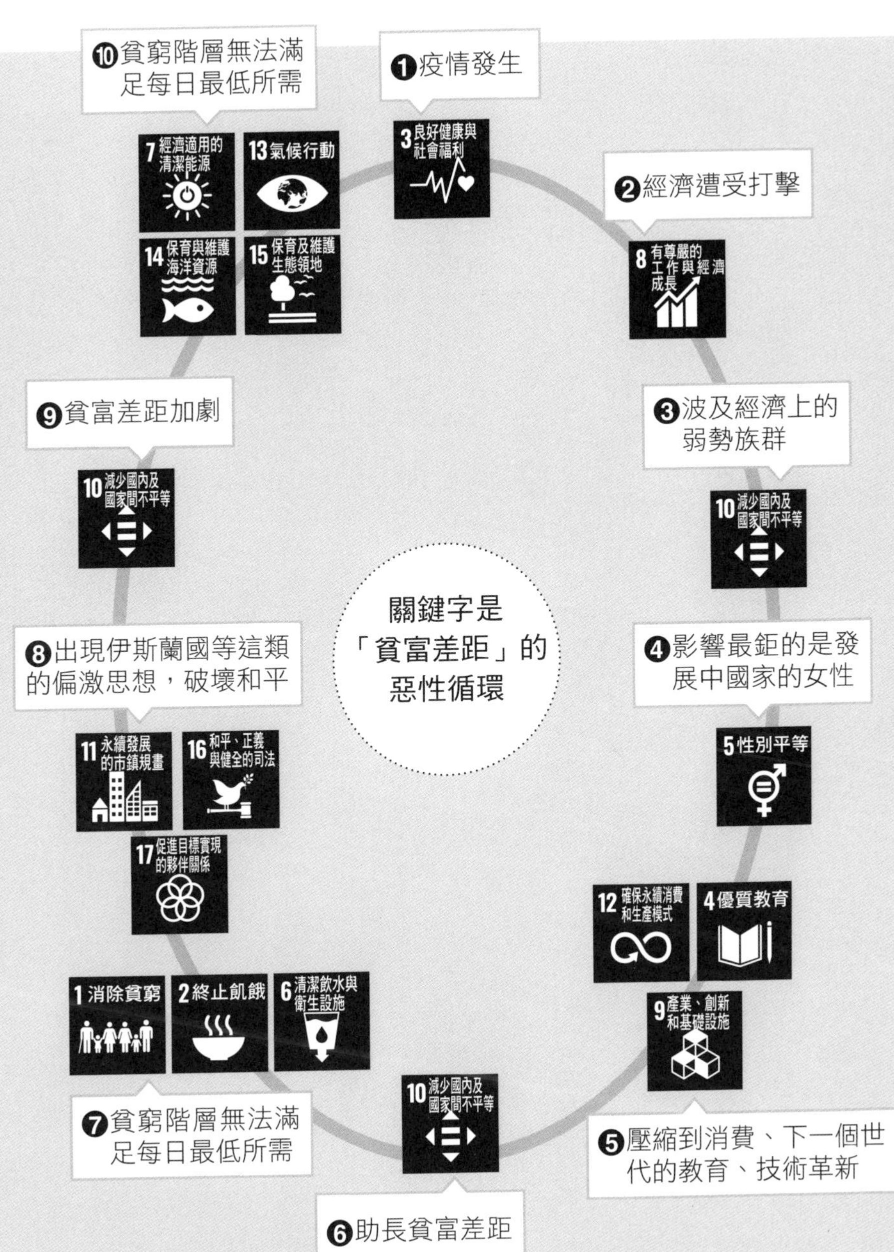

圖1-17 SDGs的負面連鎖效應

多」變成「更好」，大家開始想過風險性低、安全性高的生活。二〇一一年東日本大地震發生後，人們回饋社會的意願愈來愈高，許多人開始意識到平衡工作與生活的重要性。然而，歷經新冠疫情危機後，人類社會怎麼改變呢？

後新冠疫情社會讓人意識到「自律行為」的重要性

新冠肺炎這個未知病毒在全球化、國境界線模糊的世界中自由來去，爆發疫情大流行這事件讓全世界的人類意識到，原來社會之間存在著各種關聯與相互的依存關係。為了保護自己、別人、地域社會、經濟，甚至是國家不受病毒威脅，都必須靠每一位國民的自律行為。換句話說，人們過去從未如此意識到自己生存在社會中扮演的角色。

後新冠疫情社會引發的變化

常有人說日本人重視和諧，從正面觀點來看，這代表日本人重視協調性，但從另一方面來看，也代表當一個組織或集團在做決策時，少數派只能遵從多數派的意見，還有像同儕壓力這類的社會壓力也很常見。日本人從小在家庭、學校就被要求跟著別人行動，比起展現自己的個性，更多時候是被教導在團體中謹守本分，這方式雖然奏效，團體因此發揮強大的力量，但和歐美各國相比個人發揮的力量就很薄弱。不過，在新冠病毒這類災害發生之際，這種協調性和同儕壓力就發揮了很大的效果。不管新冠病毒的感染率高低，無論法律上是否強制要求，幾乎所有的日本人會戴上口罩，外出時在行動上互相自我約束。

但當新冠疫情結束後呢？由於新冠疫情影響所致，數位革新的速度比想像中來得快，這代表商業市場的變化速度也會加快。不僅如此，還能加深世界各國相互依存的關係，國與國的分界愈模糊，社會的複雜度也愈加錯綜複雜。說不定，又會有另一波像新冠病毒的傳染病再度襲捲世界。

在這樣不確定又模糊的社會中要如何生存？答案就是，每個人都要理解自己在社會中的位置，然後在該位置做自己該做的事，換句話說，變成「高度自律」的人。

努力邁向SDGs所描繪的美好未來

根據美國哈佛大學教育學院的發展心理學專家羅伯特．凱根（Robert Kegan）所述，人的心智會隨著年齡不斷發展，歷經三個持續成長階段[14]。這裡所謂的心智不是指智力有多高，而是內省自己的能力，以及理解自己所處世界的能力。

第一種是「順應環境型心智（The Socialized Mindru）」，在這個階段，人們會順應周遭的期待定義自己的角色來決定行動，據說美國成人中有五八%處於這個階段。第二種是「自我主導型心智（The Self Authoring Mind）」，這個階段約占人口的三五%，他們懂得理解自己身處的環境，並以自成一格的價值基準思考、自律地行動。最成熟的心智就是「自我改變型心智（Self Transforming Mind）」，約一%人口處於這個階段，他們秉持自己的價值基準，理解所有系統與秩序的不完美，可以接受多種不同的價值觀與觀點，能隨著周遭環境和狀況的變化改變自己並採取行動。

與新冠病毒奮戰勢必還要持續很長一段時間，社會可以說已經回不去疫情發生前的狀態了。面對後新冠疫情時代的國際經濟體系變化，向來最重視協調性的日本人說不定會被世界狠狠地甩在後頭。但是，隨著自我改變型心智的人愈來愈多，並認可那些過去遭到摧殘的各種價值觀，我們就可以大幅度地提高創新產出的可能性。讓不同的個體受到尊重，如此形塑一個讓大家「活出自己」的社會將不再是空想。大家互相顧慮到對方，重視和諧的同時，又能有彈性地改變自己的價值基準然後行動，若這樣的人持續增加，日本將會變成一個比現在

圖1-18 凱根的成人發展理論

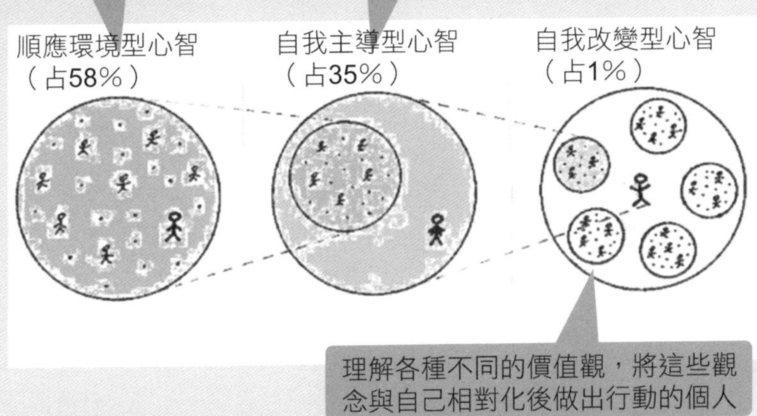

出處：轉載自Constructive Development Theory, Robert Kegan,“In Over Our Heads”，並稍加修改製成

更好、人人能住得舒服，同時又有韌性、永續的社會。

大多數人在新冠疫情初期才意識到人類活動的相互依存關係，以及在社會中自己的存在和行動會對社會產生什麼樣的影響。我們能否從這個經驗學到教訓，通過每個人自律的行為打造一個對人類和環境都友善的社會？SDGs擘畫的美好目標「超越世代、所有人、活出自己、活得好的社會」是否能實現？這完全仰賴從現在起每一個人所採取的行動。

參考資料：

1. 聯合國經濟和社會事務部世界環境與發展委員會報告：「我們共同的未來」（Our Common Future，1987年）http://sustainabledevelopment.un.org/content/documnet/5987our-common-future.pdf
2. 比較的基準皆為一九九〇年。
3. 〈追求更大的自由：邁向共享之發展、安全保障以及人權〉http://undocs.org/a/59/2005
4. 外務省暫譯「改變我們的世界：二〇三〇永續開發議程」。https://www.mofa.go.jp/mofaj/files/000101402.pdf
5. 外務省「世界衛生組織憲章」https://www.mofa.go.jp/mofaj/files/000026609.pdf
6. 「了解〈何謂有效率的團體〉」，請參考：https://rework.withgoogle.com/jp/guides/understanding-team-effectiveness/steps/introduction/
7. 聯合國貿易和發展會議「2014年世界投資報告投資於可持續發展目標：一項行動計畫」（World Investment Report 2014 Investing in the SDGs: An Action Plan）https://unctad.org/en/publicationsLibrary/wir2014_en.pdf
8. 聯合國全球盟約組織成立了「聯合國全球契約『看看誰參與了』」（United Nations Global Compact"See Who's Involed"）https://www.unglobalcompact.org/what-is-gc/participants
9. 全球報告倡議組織、聯合國全球盟約組織、世界企業永續發展委員會，共同發表「SDGsCompass SDG的企業行動指南——企業如何運用SDGs？」https://sdgcompass.org/wp-content/uploads/2016/04/SDG_Compass_Japanese.pdf
10. 大和運輸股份有限公司「探望、代購支援服務」https://www.kuronekoyamato.co.jp/ytc/government/case/watch.html
11. 創造共享價值，意思是透過企業的經濟利益活動創造出社會性價值。由美國的經濟學家麥可．波特（Michael E. Porter）提倡。
12. 關鍵績效指標（Key Performance Indicator，KPI）是為了達成組織最終目標所設定的重要業績評價指標。
13. AFP通信社根據各國當局發表的數據，於日本時間八月二十二日下午八點整理的統計。http://www.afpbb.com/articles/-/3300584
14. 日經Business「不管怎麼說，人和組織都不會改變的原因——訪問美國哈佛大學教授羅伯特．凱根」（二〇一九年八月八日）http://business.nikkei.com/atcl/seminar/19/00059/080100139

企業運用SDGs，在獲利的同時還能實現國際社會共通的良善

第2章

為何現在要導入SDGs

企業組織應導入ＳＤＧｓ的「大義」與「小義」

為什麼企業一定要導入人類理想的ＳＤＧｓ呢？本章針對企業與組織導入ＳＤＧｓ的意義，分別從企業的存在意義「大義」與企業的生存策略「小義」兩個角度來說明。

企業的存在意義與ＳＤＧｓ重疊

大家一聽到企業的存在意義會想到什麼？大概是利益最大化吧。或者認為它應該發揮社會公器的功能。當然，二者兼顧最好，這也是企業導入ＳＤＧｓ的意義。本書對於企業的存在意義，也就是「大義」的定義如下：

大義：企業應同時實現利益產出與社會良善

圖2-1 六好式經營

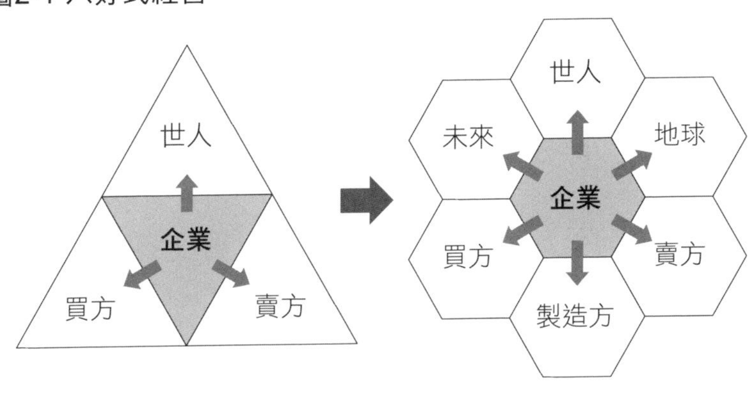

以三段論證來思考的話，企業應該在獲利的同時為社會帶來良善。而且，SDGs所展現的正是現在國際社會共通的良善和理想。**因此，企業運用SDGs來獲利正好符合自身的存在意義與目的。**

日本對於SDGs的精神應該非常熟悉、親切，因為SDGs和近江商人的「三好」信條非常相近，即①賣方好、②買方好、③世人好。實際上，歷史悠久的日本企業中，許多企業的創業理念非常重視為顧客以及區域、社會整體的貢獻，至今仍秉持著「三好」理念經營事業（圖2-1）。

在被稱為VUCA〔volatility（易變性）、uncertainty（不確定性）、complexity（複雜性）、ambiguity（模糊性）縮寫，於第三章專欄詳述〕的時代，光是「三好」式的經營可能不太夠。在現代，製造一件產品、提供服務，其背後製造過程與廢棄後對自然環境的影響，必須一併納入考量。因此，未來的商業行動不光只有滿足這個世代的需求，還要考量到要留給下一個世代什麼樣的世界。

所以，我提議應該在「三好」之外，再加上三種「好」，變成「六好」式的經營：④保護供應鏈的「製造方」發揮真正的價值，⑤讓人類活動的「地球」舞台保持在健康狀態，⑥採取不會留給未來世代負債的行動。總結來說，買方好、賣方好、世人好、製造方好、地球好、未來好，唯有這「六好」，才是SDGs時代追求的經營方式，也是所有企業導入SDGs的大義。

SDGs是新市場的泉源

接下來，我們從更具體的生存策略來說明企業應導入SDGs的理由。這些理由可歸納為三個層面，我將以「小義」為題，各舉實例來說明。

小義1：SDGs是領先世界變化的創新與新市場的泉源

ＳＤＧｓ揭示的是二〇三〇年世界前進的方向，也是未來十年的趨勢。在一百六十九項指標中，有些指標以現存的技術仍無法達成，但可以刺激創新的產生，進而開拓新的市場。二〇一六年，在世界經濟論壇成立「商業暨永續發展委員會」（Business and Sustainable Development Commission，ＢＳＤＣ），並於二〇一七年一月發布報告書《更好的企業，更美好的世界》（*Better Business, Better World Business*）❶，預估在食物與農業、都市、能源與原料、健康與福祉這四大經濟系統中，ＳＤＧｓ將可以創造約十二兆美元的市場（約新台幣三百四十二兆元）。

下面我將舉例說明，在追求ＳＤＧｓ的過程中可能產生哪些商機。

ＳＤＧｓ在指標一二之三中明示「到二〇三〇年，全世界人均食品廢棄物在零售、消費面減半；減少生產、供應鏈等食品的產後損失」。要達成這項指標需要什麼樣的解決方法呢？比如說，我們可以從幾個方面來減少供給與需求之間的落差：

- 建構可以用運用ＡＩ調整食物需求與生產量的供應鏈系統。
- 開發可以延長消費期限的包裝技術。
- 在飲食業和飯店業，建構可以減少廢料的消費系統。

藉由這些創新，就可以提供市場上其他競爭對手無法實現的價值（圖 2-2）。

「小義 1」實例：從食品耗損中誕生的新市場

位於神奈川縣的日本食物環保中心（J．FEC）利用食品廢料，實現「廢料處理×飼料製造」的新商業模式就是一種很優秀做法。對國內的畜產經營者來說，穀物價格高漲造成飼料費大增，一直以來都是很頭痛的經營課題。而且為了回應市場對於安全、安心的畜產品需求，高品質飼料的需求與日俱增。另一方面，據統計，日本一年的食品耗損（food loss）量約為六百四十三萬公噸，伴隨廢棄處理產生的 CO_2 排出、稅金的投入、最終處置場的不足等，接連形成重大的問題。

於是，該公司基於「幫食品耗損創造新價值」的理念，開始試著把廢棄處理業與飼料業整合到食物的課題中。他們用食品廢料開發出液體發酵飼料（liquid eco-feed），並製造了代替進口飼料的高品質飼料，為日本的飼料自給率提升作出很大的貢獻❷。如此一來，飼料將不再受穀物市場行情的變動影響，可以穩定支持畜產經營。再加上，該公司把用這種飼料養的豬肉品牌化，成功地讓養豬業者、消費者等利害關係人共同獲利。他們的努力也獲得了

圖2-2 SDGs實踐案例

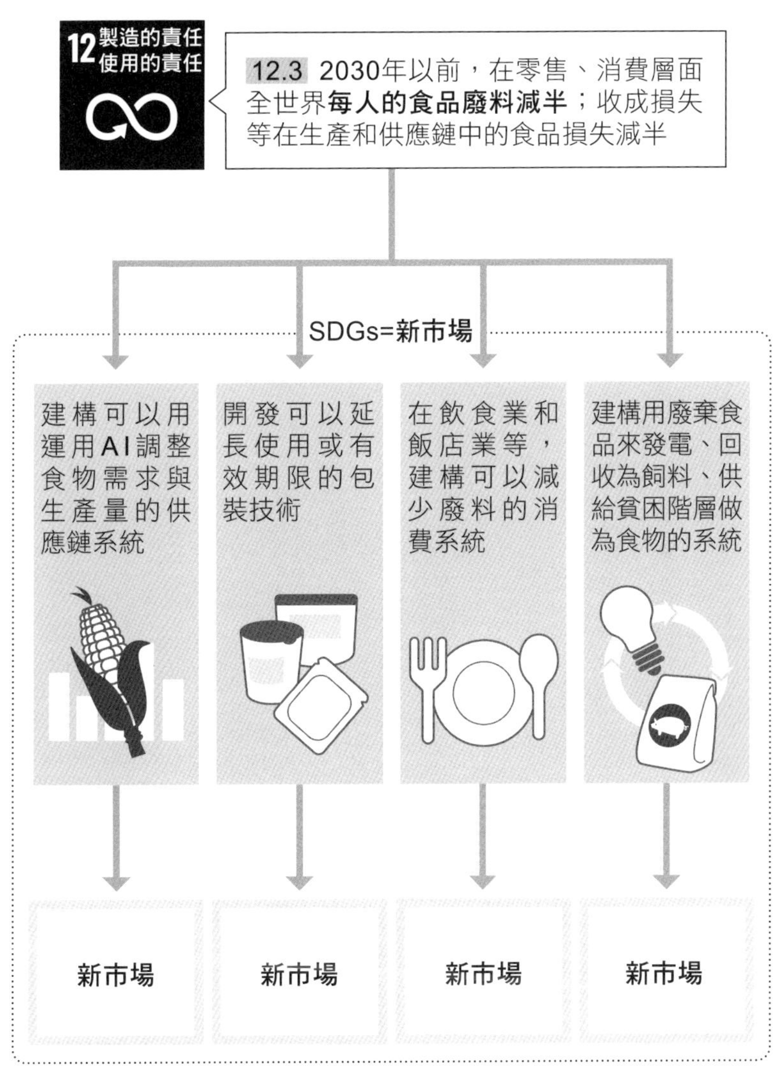

肯定，**在二〇一八年第二屆的日本SDGs獎中，榮獲內閣總理大臣獎。像這樣，只要朝著SDGs的目標邁進，就有可能想出創新的方法，開拓新市場。**

根據《更好的企業，更美好的世界》的報告內容，與SDGs目標相關，規模在二〇三〇年達到最高峰的產業就是移動系統（mobility system）。像最近汽車業最火紅的幾個關鍵字CASE〔連結（Connected）、自動駕駛（Autonomous）、共享服務（Shared and Services）、電動化（Electric）縮寫。〕和MaaS（Mobility as a Service的縮寫，「交通行動服務」是一種架構在雲端的資訊與交通應用服務。）的表現，汽車產業正迎來百年一度的大變革時代。比如說，由於都市人口增加、大氣汙染以及自駕車上路的法規限制，電動（EV）巴士在全球市場的需求急速增加，預估到二〇三〇年規模將成長超過十六兆日圓。[3]

在這個新市場中快速成長的例子，就是中國的電動車大廠比亞迪。該公司是一九九五年成立的電池製造商，鋰電池市占率世界第三，為手機用電池的世界第一大企業。在日本，引進該公司產品的電動巴士還不多，二〇一五年京都府、二〇一八年沖繩縣各別引進，福島縣的會津巴士與岩守交通也已經於二〇一九年開始運作，目前看來日本有擴大使用的趨勢。只要你可以先掌握SDGs提出的社會趨勢，並在市場取得先機的話，就能抓到商機，上面的案例就做了很好的示範。

SDGs可以滿足客戶的需求

前面提到SDGs可以幫你在開拓新市場時抓緊商機，那麼現存市場的需求也能滿足嗎？答案就在我接下來要介紹的「小義2」。

小義2：客戶追求符合環境、人權等達SDGs標準的產品與服務

有不少企業很早就開始提供減輕環境負荷的產品，以及重視供應鏈中勞工的人權。但SDGs出現之後，這樣的觀念更加擴大，包括顧客、客戶、消費者都開始提出相關需求。這種傾向無論在B2C／B2B都有加速的跡象。

近年，愈來愈常聽到良知消費（Ethical consumerism）這個名詞。在消費者基本法中，良知消費被定義為「包含區域活性和聘雇等，考量到人、社會、環境的消費行動」。根據二〇一八年日本消費者廳的「消費者意識基本調查」❹，回答會在日常的消費生活中「從事良知消費」的人只有約一〇．二%。雖說現在消費者意識尚未展現出來，但未來消費主流將以我待會提到的千禧年世代和Z世代為中心，這兩大世代的消費價值觀已經逐漸改變，從事購買

行為會同時考量到相關的社會議題。

那些敏感發現消費者價值觀改變的企業，早已經開始採取具體的行動了。日清食品（Nissin Foods）使用的泡麵容器，從二〇〇八年就改採可再生回收紙製成環保杯。不僅如此，為了降低環境負擔，二〇一九年更進一步將紙做的容器改成對環境更為友善的「可生物分解塑膠」❺。日清食品這麼一改，從原料採購到容器製造、運輸、廢棄（燃燒）產品生命週期的 CO_2 排放量減少一六％，致力削減整體供應鏈對環境的負荷。

「小義2」實例：SDGs的滲透壓力

在B2B的商業模式中，顧客的要求可以發揮很大的滲透壓力（圖2-3）。舉例來說，日本的汽車產業包括周邊相關產業，就業人口超過五百萬人，為日本經濟的基礎產業，業界龍頭豐田汽車（Toyota）更表明已開始導入SDGs，此舉將全面影響整體產業的供應鏈。

豐田汽車在二〇一五年為了替永續社會做出貢獻，發表了「環境改變二〇五〇」❻宣布將轉換商業模式，不僅挑戰「對環境的負面影響最小化」，還要「擴大新商業模式對環境的正面影響」。豐田列出影響地球環境的具體六大挑戰，並對此提出改善的目標：

圖2-3 SDGs對供應鏈的滲透壓力

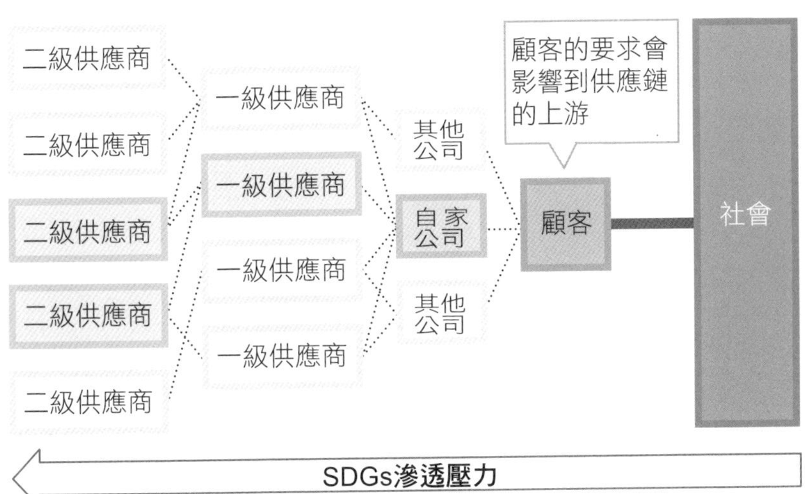

- 二〇五〇年新車平均行駛的 CO_2 排放量減少九〇％。
- 包括材料、零件，製造，整個生命週期達到 CO_2 零排放。
- 全球工廠達到 CO_2 零排放。

汽車產業是以豐田這類汽車製造大廠為頂點，底下交付零件的供應商分為一級、二級、三級……，呈現階層化的金字塔型結構。對於「減少生命週期的 CO_2 排放量」這項指標來說，汽車製造大廠會要求供應商配合，供應商為了配合大廠的要求，無論公司方針有沒有導入SDGs，只能努力減少製造零件時對環境的負荷。像這樣，**當站在頂點的企業明確畫出願景藍圖，必然會為整體產業帶來很大的衝擊。**

實際上，以豐田汽車為主的整個東海地區廠商都陸陸續續導入ＳＤＧｓ，整體業界開始對社會、環境問題做出回應，逐漸打造一個全新的移動服務。

確保人才非SDGs不可

前面提到，ＳＤＧｓ不但是新市場的泉源，還可以回應顧客的需求。光是這兩點，我想就有不少人覺得「ＳＤＧｓ確實值得追求」。但還有一點也很重要，那就是確保人力資源。

小義3：優秀人才關心企業是否擁有永續性的營運組織

人力資本是企業最重要的資本之一，也就是人才。在後新冠疫情時代，可以預想人們的工作方式將大幅改變，而保留優秀人才是企業在任何時代都必須關心的生存策略。各種調查報告指出，千禧年世代比起上一個世代更關心氣候變遷等社會議題。另外，我想從事人力資源工作的人已經明顯感受到，即將陸續步入職場的Ｚ世代年輕人，強烈在乎企業為永續性所做的努力，愈來愈多人用和過去世代不同的標準來評斷企業。

Z世代的價值觀

Z世代的定義有很多種，但大多指一九九〇年到二〇〇〇年出生的世代。Z世代的特徵是一出生即被網路圍繞的數位原生世代。他們在多愁善感的孩童時期就遇到九一一事件和東日本大地震，強烈關心國內外社會議題。再加上，Z世代在學校教育中頻繁地接觸到SDGs，連私立中學的入學考，也很常出與SDGs相關的考題。由於乘搭這股潮流，Z世代也可以說是SDGs原生世代。

早期的Z世代已經步入社會，他們找工作時會用「這家企業是否值得自己花時間長期投資」這樣的觀點來選擇公司。由日經人力資源編輯部發行的特刊《改變未來的公司二〇二〇年版》❼調查了正在求職的大學生，其選擇企業的關鍵字包括SDGs、優良企業的ESG指標、多元性經營、健康經營等。針對ESG指標，特刊中還介紹了用來評量企業在ESG方面表現卓越的富時日本ESG指數（FTSE Blossom Japan Index）、經濟產業省選定的新多元性經營企業一〇〇選、健康經營優良法人（White 500）排行榜。（日本經濟產業省官網就「健康經營優良法人」的定義是，從經營的角度，用策略性的方式思考並投入從業人員健康管理的法人）。這些指標中的企業排名，也反應在大型求職徵才活動、網站等名次上，恰恰也表達了Z世代的價值觀。

企業開始注意到原生的SDGs Z世代，並考慮與他們合作。以眼蟲藻為原料製造健康食品、化妝品的Euglena公司就認為，討論社會的未來之際，若未來世代的當事者沒有加入討論就不夠充分，於是決定招募未來長（Chief Future Officer）❽。二〇一九年八月該公司在報紙刊登全版廣告公開徵求十八歲以下的人才，預計招募五百位以上。像這種「Z世代的意見可以反映到上市企業的經營」的時代已經來臨。

有鑑於這股社會潮流，或說Z世代的年輕人價值觀正在改變，可以預測日後企業若沒有導入SDGs，可能無法招聘到優秀的人才。其實這可能已經是現狀了，愈來愈多學生在求職面試時會直接問面試官：「請教貴公司在導入SDGs方面做了哪些努力？」包含人事部門的主管等從業人員，未來必須理解企業內部與SDGs相關的本質，並描述自家公司長期的願景，否則很可能會錯失獲得優秀人才的機會。想要有支援經營的人才，無論你的企業規模大小，都應該盡快把SDGs導入公司的經營中。

到目前為止，我說明了企業導入SDGs的意義。那麼，日本企業導入SDGs的進展如何？下面，我將從企業的認知度與導入SDGs的手段來說明。

企業導入ＳＤＧｓ的現狀

企業對ＳＤＧｓ的認知度年年上升。日本政府年金投資基金（Government Pension Investment Fund，ＧＰＩＦ）二〇一九年調查二千家東京證券交易所第一部的上市公司❾，九六．七%企業都說「知道」ＳＤＧｓ，而且這之中的四四．七%回答「已開始導入」ＳＤＧｓ。再加上，二〇一七年針對民間企業股票市值前一百大公司的綜合報告書中，以及企業社會責任（Corporate social responsibility）訊息公告中關於ＳＤＧｓ相關情報❿，前一百大公司中有六十八間企業在公開談話中已提及ＳＤＧｓ。

但另一方面，二〇一八年經濟產業省關東經濟產業局調查了五百家中小企業⓫，對於ＳＤＧｓ的認知度只達到一五．八%，顯示企業規模大小在ＳＤＧｓ的認知度上出現明顯落差。其實中小企業應當更積極達成ＳＤＧｓ的目標，關於這點有機會再說明。

從調查來看，至少在大企業之間，ＳＤＧｓ已經充分滲透，形成普遍知識，愈來愈多企業對SDGs的認知已經達到可以對外發布相關訊息的程度。但是這些公司有真正理解SDGs的本質嗎？抑或只是過過水做表面功夫而已。這只能從他們具體實施的手段才能分辨。在本節中，我將帶大家觀察企業導入SDGs時會採用哪些手段。

導入SDGs手段的分類

觀察日本企業導入SDGs的手段，大多都是參考《SDG公司治理》。如我在第一章介紹，《SDG公司治理》是企業的行動指南，裡面把企業導入SDGs的步驟分為五個：①理解SDGs、②決定優先項目、③設定目標、④納入經營、⑤報告與溝通。

《SDG公司治理》裡面也介紹許多有用的點子，但是皆從國際社會的觀點出發，所以有許多經營者很難理解，比如說第一章提過的由外而內的方法。相較於由內而外的方法，也就是從現行的事業目標來思考如何應付全球性課題，由外而內是從SDGs這種全球性、社會性的需求來設定事業目標。從外在的需求來設定企業努力的目標，這方法本身不難理解，但站在經營者的立場，這方式缺少了一個非常關鍵的面向，就是「**要怎麼賺錢？**」畢竟企業的目的就是追求利益，事業如果不賺錢，連企業本身都無法存續。

在經營者對ＳＤＧｓ理解不足的情況下，企業又一個勁地導入ＳＤＧｓ，這時很容易犯下以前導入企業社會責任時一樣的錯誤，那就是加入一些和事業活動無關的單次性項目。如果有無論規模大小、事業內容，能夠接近ＳＤＧｓ指標又能稍微細分的指南，經營者應該比較容易使用。從這個發想出發，最後我整理出表2-1的六個手段。這是分析了各家企業導入方法，再用我的想法分類出來的。下面分別說明每個做法的特徵、優缺點，並穿插事例做說明。

1 映射

映射這方法也是《ＳＤＧ公司治理》中提倡的手段。做法是，先分解自家公司的產業鏈，然後在各流程中找出事業活動與ＳＤＧｓ之間的關聯（圖2-4）。透過這個步驟，你可以將公司事業與ＳＤＧｓ之間的連結視覺化，落實設定各目標的ＫＰＩ，邁向具體實施的專案。

以**伊藤園集團**為例，他們對自家事業進行前所未有、徹徹底底的映射，並訂立永續性的目標。該公司以遵從ISO26000為核心主題設定七個面向做為推動的主題，包括組織治理、人權、勞動規範、環境、公正的事業規範、消費者課題、社區參與、社區發展。還針對產品的適當公開、茶葉產地培育事業監控等五十一個項目設定ＫＰＩ[12]。

表2-1 企業導入SDGs的手段

手段	特徵
❶ 映射	◎ 分析自家公司能對SDGs做出什麼樣的貢獻。 ◎ 為個別領域所做的貢獻設定目標（KPI）。 △ 光做這些對經營策略來說仍嫌不足。
❷ 媒合	◎ 透過創意將已經存在的社會課題與解決方法相乘，創造新價值。 ◎ 可以成為具體的事業，有機會創造利益。 △ 做出來的結果剛好與SDGs相符，但嚴格來說沒有SDGs也做得到。 △ 大多是單一議題（單一部門、單一目標）。
❸ 社會影響力投資	◎ 可以直接回應SDGs的要求。 ◎ 由於可預測的投資容易籌措資金，而且這類的市場急速成長。 ✕ 很難成為長期獲利的商業模式。
❹ 做為活用參考	◎ 檢視自家公司原本就在運作的項目是否符合SDGs的目標。 △ 只限當初執行時就有考量到永續性的項目。
❺ 對應ESG來投資	◎ ESG市場正不斷擴大，有很大的商機。 △ 連投資人、企業方都不是很了解該用什麼基準做判斷。
❻ 納入經營	◎ 不是我們公司為「SDGs」做多少貢獻，而是「我們的經營本身就在支持SDGs」。 ◎ 明確的經營方式、觀念滲透到員工，同時建立品牌。 △ 經營者和經營階層必須有強大且明確的意志。

圖2-4 為製造業供應鏈映射的範例

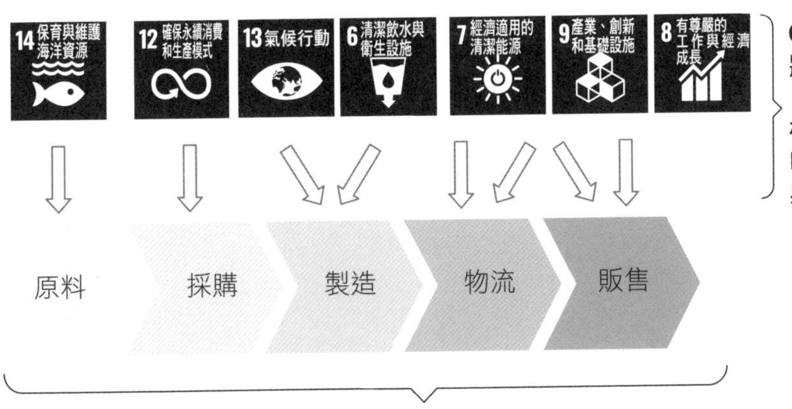

能像伊藤園這樣，詳細分析並設定KPI是再好不過了，只是很遺憾地，很多企業為各事業映射完目標後就安心不再思考了。結合SDGs是重要的第一步沒錯，但若沒有把思考提升到增加利益的事業策略層級的話，就不是本質性的導入。單只有映射，還稱不上以SDGs為核心的經營策略。

2 媒合

媒合是將人口減少、空屋問題等實際存在的社會課題與解決方法相乘，用來產生新價值的方法（圖2-5）。媒合的特徵是，容易連接到具體的商業理念，進而創建有利可圖的業務。

Tabeloop公司以減少食品耗損為目標，是日本首座B2B食物分享平台。在這個平台上，賣方可以將優質、大量剩餘且將報廢的食材直接放到網站上出售，出售後的營收會部分捐贈給與消滅飢餓相關的機構或活動組織。二〇一八年，Tabeloop與經營漁業和餐飲店等生意的Gate公司簽訂合作協議，在三重縣大量購買賣不出去的漁獲，在當地加工後以Tabeloop的物流運送到東京都內的居酒屋。Tabeloop透過這樣的服務和合作，不斷擴大事業版圖，像是關於食品耗損的宣傳與教育活動、購買受自然災害的NG蔬菜、利用生產地與餐飲店來當做食育教育的場所等，這些事業皆和SDGs追求的目標相符⑬。

從Tabeloop的例子可以知道，媒合可以重新組合社會課題與解決方法來產生全新的價值。但是嚴格來說，就算沒有SDGs體系還是可以使用。另外，這種方法只能處理單一項目、單一目標、單一課題，很難讓各個目標之間產生連結，進而引發正面連鎖效應。

3 社會影響力投資

社會影響力投資是希望企業的產出對社會環境有正面影響，同時還能獲得財務報酬的投資思考模式。在決定投資時不只考慮到金錢上的報酬，也同時考量是否能對社會產生正面

圖2-5 媒合的例子

影響，希望能取得社會與經濟的平衡。其中一種型態是，地方政府發行「**社會影響力債券**」（Social Impact Bond，SIB），將一部分的事業委託民間，扣除成本後的部分利潤做為投資人的利益（圖2-6）。

日本東京都八王子市與兵庫縣神戶市都已在健保項目導入社會影響力債券。在八王子市特別著重早期治療就能提高治癒率的大腸癌，籌措約一千萬日圓的資金給鼓勵定期檢查就醫的事業[14]。另外，在神戶市則提供協助有倍增傾向的腎透析患者人數實施預防糖尿病、腎病變等重症化的事業[15]，資金籌措來到了二千四百萬日圓。

社會影響力投資可以滿足SDGs的要求，特別是對少數者的權利與消弭貧富差距有直接影響。像這種在產出社會影響力的同時又可以獲得經濟報酬的可預測投資，早已備受國際社會注目，市場正急速成長中。隨著日本在二〇一六年訂立休眠存款活用法（活用休眠存款等資金促進公益活動的

圖2-6 社會性影響力債券（SIB）的架構

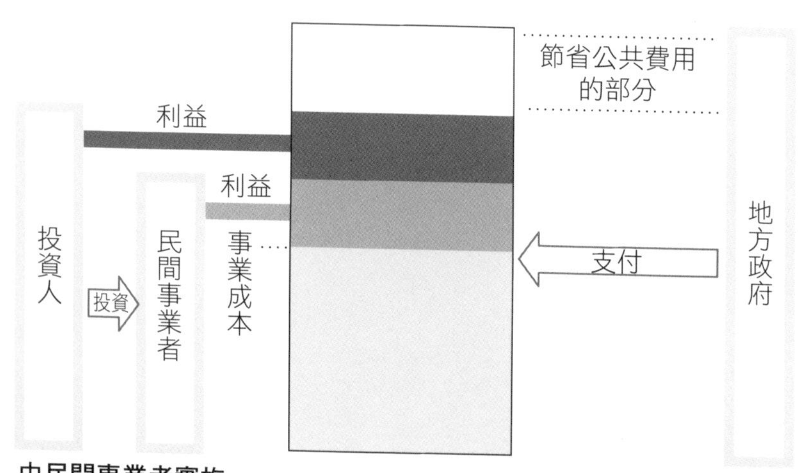

法律），社會影響力投資的未來更可期待。

由SDGs理念或目標引導出來的商業模式雖然很理想，但要轉換成金錢卻沒那麼容易。若想建構一套持續獲利的商業模式，就必須活用創業家和專家們的知見。

4 做為活用參考

若一家企業很早就投入「創造共享價值」經營模式，那麼SDGs可做為參考工具來活用。**味之素集團**（Ajinomoto Group）早在二〇〇五年就宣告要投入CSR經營，在迎接創業一百週年的二〇〇九年發表了企業應通過事業解決的「二十一世紀人類社會課題」，並從

MDGs目標與股東對話中，選出他們必須投入的三項課題，「地球永續性」「糧食資源」「健康生活」。在SDGs出台的前一年二〇一四年，味之素集團就提出解決社會課題、共同創造社會與價值的「味之素共享價值（Ajinomoto Shared Value）」，簡稱ASV宣言，明確表示集團全體將面臨的世界課題並採取行動。如上述，味之素很早就對社會課題做出承諾，而該公司更在二〇一五年明示事業與SDGs的關聯性，整理並選出重大項目重新評估，二〇一九年在他們的「Sustainability Data Book（可持續發展數據手冊）」中，重新整理出十一個項目做為味之素集團應解決的社會課題[16]。

另一個例子是歐姆龍（Omron Corporation）。該公司根據創辦人立石一真（Kazuma Tateishi）在一九七〇年發表預測未來的「SINIC理論」，以回應社會潛在需求來開展事業。二〇一七年該公司啟動中期經營計畫「VG二．〇」[17]，這是以未來做為出發點的成長策略。在該策略中，他們把永續性課題納入中長期策略中，設定具體的作為與目標揭示通過事業解決問題的方針。

這裡舉例的兩間公司，經營理念與社會連結性非常強，而且他們的實踐方法在SDGs出現之前就已經確立。像這樣的企業，事業方向不需要勉強配合SDGs，而是做為確認方向的參考比較適合。當然，這種導入方式建立在從以前就持續性地投入SDGs，並配合自家公司堅定的經營方針才有可能執行，對其他多數企業來說模仿的門檻非常高。

5 對應ESG來投資

ESG投資是一種新的投資型態，投資方會重視、選擇在經營上對環境（Environment）、社會（social）、公司治理（Governance）有周詳考量的企業。相較於過去的投資判斷都是根據營收或利益的財務指標，ESG投資相信企業對環境、社會、公司治理的考量，會對中長期收益的增加、企業持續性成長有關，可以排除在財務指標上看不見的風險。

根據《全球ESG投資報告書》（*Global Sustainable Investment Review*）⑱，二〇一八年全球的ESG投資金額約為三十三．七兆美元，換算日圓超過三千四百兆（約新台幣九百六十二兆元），這個金額占了全世界可運用資產的三分之一以上，ESG市場正以驚人的速度翻倍擴大中。關於ESG投資，我會在第四章詳述。

6 納入經營

最後第六項談的，是將SDGs納入經營理念與事業計畫的方法。這是從SDGs的觀點來重新審視企業經營理念，把事業活動帶給社會的影響、創造價值的過程以具體的行動展現。這個方法和前面五項有一個決定性的不同，那就是思考並非基於「對SDGs有多少貢獻」，而是「**企業經營本身就在支持SDGs**」。

舉例來說，在石川縣小松市專門製造並販售隔間材料的Comany公司，把自家的強項定義為空間駕馭技術，策畫了可以兼顧事業活動與實現SDGs的「∞（莫比烏斯）模式」（圖2-7）。這個模式不只能說明該公司的經營方式，還要求明確列出個別事業計畫與投資計畫位於莫比烏斯環（Mobius band，一種重要的拓撲學結構，常被認為是無窮大符號「∞」的創意來源。）上的哪一個位置。Comany在經營上的所有決策都是根據莫比烏斯模式，對於經營判斷有直接的幫助。

唯有這種將SDGs納入經營的格局，才是企業導入SDGs時應有的態度。想要實現目標，經營者與經營階層強烈、明確的意志表現不可或缺，雖然需要耗費很多時間和勞力，但卻能幫助企業做出堅決的經營判斷、把觀念滲透到員工、強化品牌等，這才是真正能強化

圖2-7 Comany的SDGs莫比烏斯模式

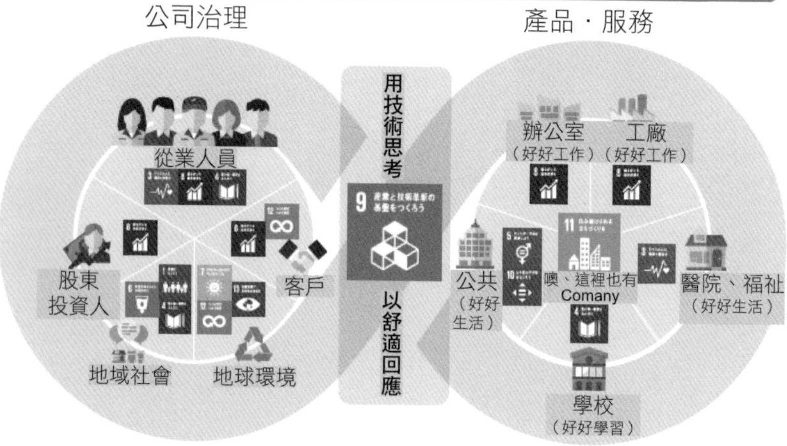

出處：ComanyInc.「實現SDGs的莫比烏斯模式」

企業的手段。

下一章，我會解說把SDGs納入經營時，需要什麼樣的思考方法。

參考資料：

1. 商業暨永續發展委員會於二〇一七年一月發布報告書「更好的企業，更美好的世界」http://report.businesscommission.org/report
2. 日本食物環保中心網站http://www.japan-fec.co.jp
3. IDTechEx Ltd.”Electric Buses 2020-2030: 2nd Edition, Forecasts, Technology Roadmap, Company Assessment”（2020）
4. 消費者廳「消費者意識基本調查（令和元年十一月調查）」https://www.caa.go.jp/policies/policy/consumer_research/research_report/survey_002
5. 日清食品集團 訊息發布（二〇一九年六月十一日）https://www.nissin.com/jp/news/7874
6. 豐田汽車「豐田環境挑戰二〇五〇」https://global.toyota/jp/sustainability/esg/challeng2050
7. 日經ＨＲ編輯部《求職NEXt 改變未來的公司二〇二〇年度版》（日經ＨＲ、二〇一八）
8. euglena股份有限公司「招募ＣＦＯ」https://www.euglena.jp/cfo/bosyu/2019/
9. 日本政府年金投資基金「第四屆 機構投資人的盡職治理活動之針對上市公司的市調結果」（二〇一九）https://www.gpif.go.jp/investment/stewardship_questionnaire_04.pdf
10. Cre-en股份有限公司協助綜合報告團隊「ＳＤＧｓ的宣示狀況調查」（二〇一七年）https://www.cre-en.jp/library/knowledge/180124/
11. 經濟產業省關東經濟產業局「中小企業對於ＳＤＧｓ的認知度、實際樣態調查結果」（二〇一八年十二月）https://www.kanto.meti.go.jp/seisaku/sdgs/sdgs_ninchido_chosa.html
12. 伊藤園股份有限公司「伊藤園集團的永續計畫與ＳＤＧｓ」https://www.itoen.co.jp/csr/csrpolicy/
13. tabeloop「達成ＳＤＧｓ的做法」https://tabeloop.me/page/sdgs/
14. 八王子市「八王子市 成果報酬型官民合作模式事業的做法」（平成二十九年度事業（中間）報告）https://www.city.hachioji.tokyo.jp/kurashi/hoken/kennsinn/p023983.html
15. 一般財團法人 促進社會投資財團（SIIF）「神戶市 活用社會影響力債券於預防糖尿病腎病變等重症化的事業」（二〇一七年七月二十日）https://www.city.kobe.lg.jp/documents/20743/20170720040801-1.pdf

16. 味之素股份有限公司「味之素集團 Sustainability Data Book 2019」https://www.ajinomoto.co.jp/company/jp/ir/library/databook.html

17. 歐姆龍股份有限公司「歐姆龍綜合報告2019」https://www.omron.co.jp/ir/irlib/annual.html

18. 全球ESG投資二〇一八年報告書http://www.gsi-alliance.org

離開太空船在月球表面活動的
伯茲・艾德林（Buzz Aldrin）
照片：NASA／TopFoto／Aflo

第3章

將SDGs納入經營的思考法

有助於把SDGs納入思考的三個方法

在第二章，我將SDGs納入經營時可以得到的附加價值，歸納為「大義」與三項「小義」，並說明了日本企業導入SDGs的現況。本章中，我會提出實際上有益把SDGs納入經營的方法論。

以現況來說，企業將SDGs納入經營的狀況可大致分為兩類，一種是已把SDGs納入到經營的基礎上，另一種是單純停留在映射就停止思考，而後者的數量壓倒性地多，未來這二者靠SDGs創造出來的附加價值將呈現很大的差異。我認為把SDGs納入經營策略後所產生「附加價值」，主要來自下面三種新的思考法（圖3-1）。

① **時間回推思考：**登月邏輯（moonshot thinking）與反向預測。

② **邏輯回推思考：**演繹式創新與設計思考。

圖3-1 將SDGs納入經營的3項思考法

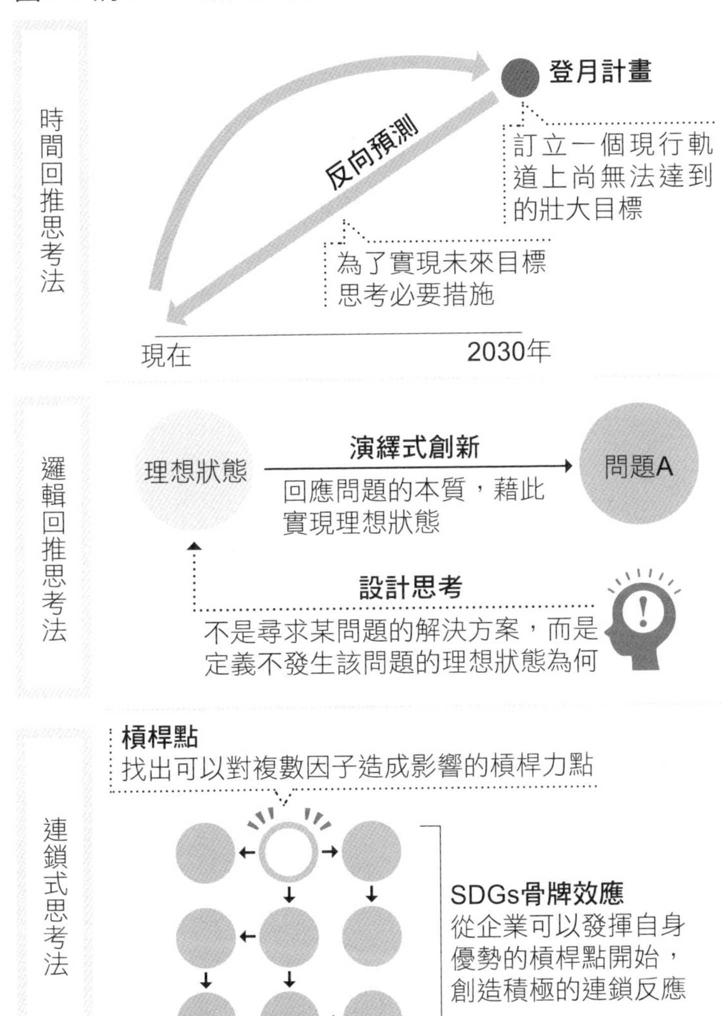

③連鎖式思考：槓桿點（leverage point）理論與SDGs骨牌效應。

時間回推思考法

時間回推思考法是指，先決定未來某個時點要實現的目標，然後再思索如何達成該目標的思考方法（圖3-2）。用時間回推思考有一個重點，那就是設定的目標至少是十年以上的長期目標，而且是現行軌道上不可能達到的願景。這個思考方式最典型的例子是前美國總統甘迺迪（John F. Kennedy）所提出的「阿波羅計畫（Apollo program）」，俗稱登月計畫。甘迺迪在一九六一年發表阿波羅計畫，宣示要讓人類在一九六〇年登陸月球。很遺憾，甘迺迪在發表阿波羅計畫的二年半後遭到暗殺，但計畫仍繼續執行，最後如宣言所示，一九六九年七月二十日兩名太空人搭乘阿波羅十一號登陸月球。

登月計畫過了半世紀，在企業經營中再次受到注目。史考特．D．安東尼（Scott D. Anthony）與馬克．強森（Mark Johnson）說，登月計畫必須具備三個要素：Inspire（有啟發性的）、Credible（可信的）、Imaginative（富有想像力的）。❶

圖3-2 時間回推思考

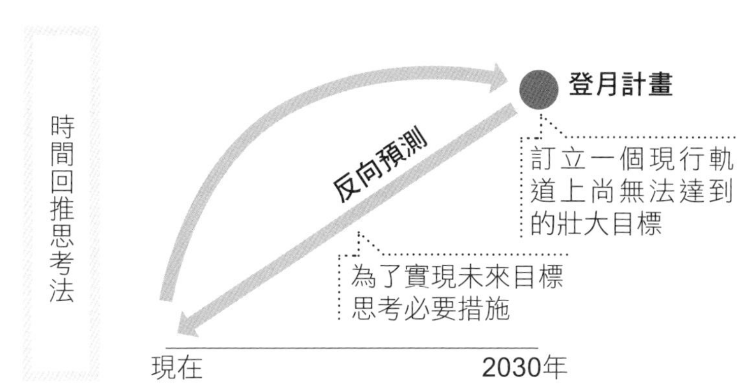

・Inspire：比如說，提高投資報酬率等財務目標對公司很重要，但無法感動民眾。提出來的計畫一定要可以震撼人們的靈魂，撼動大家的心才行。

・Credible：不是單純目標遠大就好，必須要是現在沒有、未來很可能會出現的技術，讓大眾感受到合理性。

・Imaginative：不是遵循過去的軌道累積可達到的未來，而是要有「如果可以實現的話，這個世界有多麼美好」這種刺激創造力的嶄新事物想法。

SDGs也包含許多登月計畫，表3-1就是從一百六十九項指標摘錄下來。

想要達成這些指標必須面臨許多課題，有很多項目甚至被認為難以實現。但請大家試著想像，如果這些指標全實現的話，人類將擁有什麼樣的未來。我想每個人

表3-1 SDGs中的登月計畫舉例

SDG	細項目標	內容
2 終止飢餓	2.1	在2030年以前消滅飢餓，所有人特別是貧窮階層以及幼兒等弱勢族群，全年都能獲得安全且營養的食物。
3 良好健康與社會福利	3.3	在2030年以前根除愛滋、肺結核、瘧疾以及受到忽視的熱帶疾病等傳染病，並對抗肝炎、水媒傳染病以及其他感染症。
5 性別平等	5.1	廢除任何場所歧視所有女性及女孩的任何型態。
6 清潔飲水與衛生設施	6.1	在2030年以前，所有人都能從公平的管道獲得安全且便宜的飲用水。
8 有尊嚴的工作與經濟成長	8.5	在2030以前，包含所有年輕人與身障者的男性及女性都能獲得完整且有生產力的雇用，從事有成就感、有尊嚴的工作，並且同工同酬。

應該都希望這樣的社會降臨吧。SDGs是世人期待實現的理想，也可以說是人類共同的登月計畫。企業在導入SDGs的時候，如果可以活用這類登月計畫，就能得到非連續性成長的機會。

消滅感染症的登月計畫

在日本，登月計畫被討論最多的領域，主要在國家層級的研究開發，雖說如此，民間也有一些聯營企業打頭陣提出登月計畫。例如，由日本住友化學（Sumitomo Chemical）與三井化學（Mitsui Chemicals）、德國BASF化學與拜耳（Bayer）集團、瑞士先政達

圖3-3 消滅瘧疾倡議「ZERO by 40」

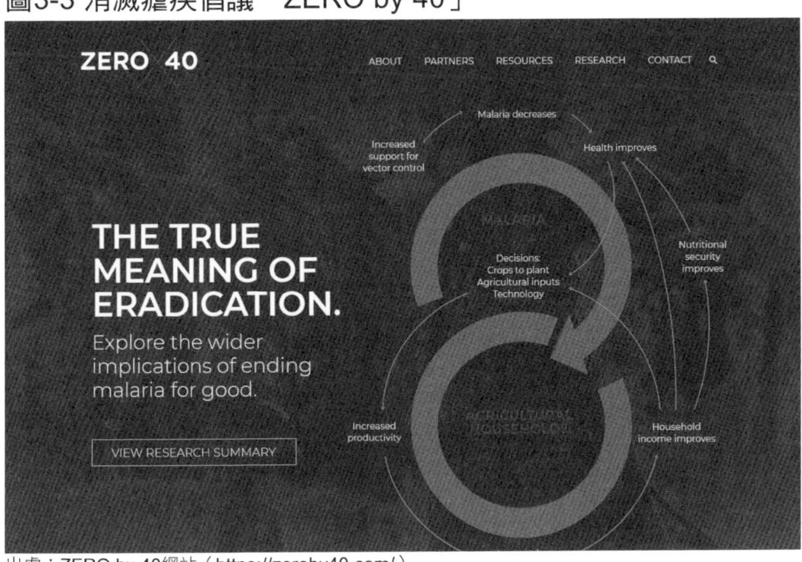

出處：ZERO by 40網站（https://zeroby40.com/）

（Syngenta）五家世界農藥大廠參加的「ZERO by 40」，就倡議二〇四〇年之前要完全消滅瘧疾。二〇一八年四月，上述五大廠在英國發表共同聲明，獲得比爾與梅琳達．蓋茲基金會（Bill & Melinda Gates Foundation）與國際非營利組織的IVCC機構支持。

這裡面最值得大書特書的就是，這幾家競爭對手為了消滅瘧疾這個巨大的登月計畫而組成團隊，互相促進、共享技術。他們把注意力放在化學物質潛在的可利用性，企圖改善既有的消滅工具（圖3-3）。

參加ZERO by 40的住友化學，是少數早在SDGs的前身MDGs被提出的時代，就積極參撲滅感染症的企業之一。該公司開發只要噴灑在室內的牆壁就能殺死停留在牆上的蚊子的「SumiShield 50WG」殺蟲劑、長效型的防蟲蚊帳「Olyset Net」、預防登革熱與茲卡熱的幼蟲驅除劑「Sumilarv 2MR」等產品，通過自家事業來推動地球的永續性。這些產品都通過了世界衛生組織的認證，毋庸置疑為公司業務持續形成良性循環。

再生能源的登月計畫

再介紹一個登月計畫的案例。RE 100（Renewable Energy 100%）是由國際非政府機構「氣候組織」（The Climate Group）於二〇一四年所提出的國際性倡議，期望有意最晚在二〇五〇年前，以「事業營運一〇〇%使用再生能源」為目標的企業加入。全世界來自各業界的領導企業紛紛加入，參加的企業數❷到二〇二〇八月為止已經超過二百四十家以上。該組織在二〇一九年的年度報告中提到，參加企業中已有三十四家達到一〇〇%使用再生能源的目標。

到二〇二〇年八月四日為止，日本理光（Ricoh）和積水房屋（Sekisui House）等三十七間公司都已加入RE 100，除此之外，各種努力也正如火如荼地展開。比如說，以實現永續脫碳社會為目標，於二〇〇九年成立的日本氣候領袖夥伴關係（Japan Climate Leaders'

Partnership），其中有參加RE 100的二十家企業於二〇一九年六月發表「來自一〇〇%再生能源需求者的建言」❸，提出下面三項政策建言：

①對再生能源的社會利益做適切的評價，並基於此制定政策。
②關於日本的發電結構，宣示「二〇三〇年再生能源比率達到五〇%」。
③整備環境，提升再生能源相對於其他發電來源的競爭力。

這些建言具有劃時代的意義，因為是由企業主動向政府提出的政策建言，這就是一個由企業夥伴共同努力促成法規成型的好案例。

登月計畫搭配回溯分析

前面介紹了登月計畫的案例，大家應該了解想要達成登月計畫不是從現況不斷累積的立場來做預測（forecasting），而是用回溯分析（backcasting）來思考。預測是從現在的統計與數據分析來預測未來，然後施行必要的對策。回溯分析則是先定義未來，然後思考實現這個

圖3-4 活用SDGs的登月計畫與回溯分析的計畫流程

未來的必要條件與前提所需的技術，設定以未來為基準的必要過程。簡單來說，回溯分析就是先定義期望的未來，然後思考實現該未來時需要什麼策略和實行方法（圖3-4）。

在提出阿波羅計畫當下，美國在太空競賽中其實落後蘇聯，技術也還有許多問題待克服，外界普遍認為不可能實現。但甘迺迪先提出阿波羅計畫這個最終目標，之後各項規畫就會依據實現這目標而設定，包括飛行方式、技術開發、國家預算等。就如同當你強行決定一個未來，自然會產生一個引力作用，讓所有的行動都朝著那個目的地前進。

過了半世紀後，開始有企業將登月計畫的概念運用在經營中。前雅虎副總裁、奇點大學創辦人薩利姆·伊斯梅爾（Salim Ismail）認為，谷歌和TED等飛躍型的企業都有一個特徵，那就是他們會提出具野心的遠大變革目標（Massive Transformative Purpose，MTP）❹。遠大變革目標是以全球規模刷新業界面貌的目標，和單純的使命宣言（Mission Statement）不同。變革目標和登月計畫有一個相同的性質，這樣的目標或「變革」可以鼓舞人心，吸引眾人的目光。

在漸進式成長很難寄予厚望的經濟情勢中，回溯分析逐漸成為商業領域中理所當然的思考方式。對許多企業來說，要像谷歌一樣獨自想出「整理全世界的資訊」這類的登月計畫並不容易。但只要參考SDGs中的登月計畫，以及運用回溯分析做為達成目標的手段，有機會勾勒出自家公司面臨未來課題的大致輪廓。

邏輯回推思考法

邏輯回推思考法是針對已顯化的問題，從一個理想的狀態出發，用演繹的方式思考解決方法，最後引導出創新的想法（圖 3-5）。

創新並非對症療法

近來，創新（Innovation）這個名詞幾乎天天都會聽到，其定義早在一九一一年由經濟學家熊彼得（Schumpeter）提出。熊彼得把創新定義為，採用與既有方法不同的手段產生新結合的事物，並將創新分成幾種類型，像是新產品的開發、導入新的生產方法、開拓新的市場、獲得資源、組織改革等。在日本創新被翻成技術革新，但按照原本的定義其實不只停留在新技術的開發，還有更多面向。

但是現在大家談論的創新，大多是為了用來處理已顯化的問題，也就是「對症療法」。

比如說，幫助發展中國家在自來水管尚未普及的地區，運用滾動式的水桶讓小孩子取水變得

圖3-5 邏輯回推思考

更輕鬆。

全世界仍有八億四千四百萬人無法飲用到乾淨的水，其中有二億六千三百萬人每次取水往返要花上三十分鐘。❺取水在發展中國家的農村地區是小孩子重要的工作。很多人一定看過類似的照片，小朋友頭上頂著大水桶，一口氣走好幾公里的路。為了取水他們不能上學，失去受教育的機會。

掌握問題本質的「演繹式創新」

滾動式水桶取水的好處是，小孩一次性可以取得最大量的水，減少往返次數。其次，小孩不必再用頭頂著沉重的水桶可以減少脖子或腰部痠痛。這是一種非常了不起的發明，我完全沒有否定它的意思。不過，這種水桶還是無法讓小孩從取水工作中完全解放出來。只要自來水管線設施沒做好，水源離家遠這件事依然沒有改變。解決取水這個近在眼前的問題，會不會推遲了原本必須要有的理想實現，也就是普及連接衛生飲用水的上水道設施。所以我才說，在埋頭解決眼前問題之前，應先掌握問題的本質。

像這種對症療法的創新，本書把它定義為**歸納式創新**。但是所謂的創新，應該從人類理想的狀態出發再回推出來的不是嗎？比起歸納式創新，本書想傳達的是回應問題根本的**演繹式創新**。

從沙漠的空氣中產生水

關於取得飲用水的方法，麻省理工學院開發出一種新技術，他們透過特殊有機金屬捕捉空氣中的水分，這項研究進一步開發出從空氣溼度萃取出飲用水的技術（圖3-6）。實驗中，他們成功從乾燥的沙漠空氣中製造出水❻。在日本也有已經成功產品化的案例。位於愛知縣的TERU有限公司開發的產品「泉水潺潺」❼，可以藉由空氣的濕度產生飲用水，甚至在乾燥的空氣中都能使用，據說一天可以生成四到五公升的水。

這幾個例子的共通點是，從「隨處都能獲得衛生且乾淨的水」這個人類生存的理想狀態

圖3-6 從空氣中的溼度萃取出飲用水

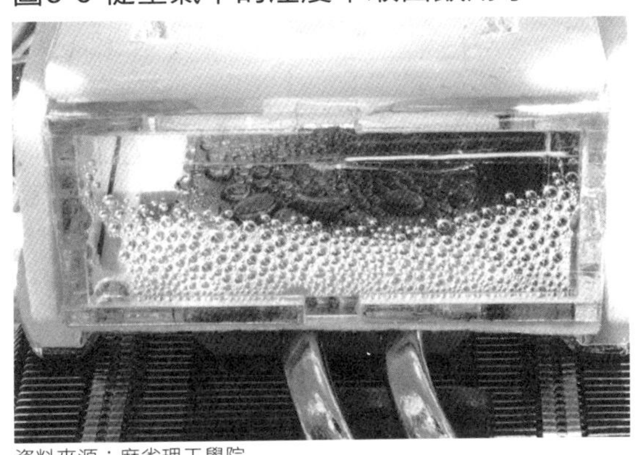

資料來源：麻省理工學院

做為出發點，再全力開發為了實現這個理想所需的技術，最後開花結果。像這種從理想狀態回推再從中思考，就是我說的演繹式創新，也是達成SDGs不可或缺的方法。

演繹式創新的泉源「設計思考」

產生演繹式創新的思考方法最著名的就是設計思考。近年，設計思考在商業領域愈來愈受到矚目，聽過這個名詞的人應該很多。最先將設計思考運用在商業領域中的，是世界知名設計公司IDEO創辦人大衛・凱利（David Kelley）❽。就算你沒聽過IDEO的名號，也應該看過蘋果的滑鼠，該設計就是出自IDEO之手。史丹佛大學的設計學院提出設計思考的過程可以分成五個步驟：①同理（Emphathize）→②定義

（Define）→③發想（Ideate）→④原型（Prototype）→⑤測試（Test）。一般來說，大家對這五個步驟的認識如下：

①透過觀察，從使用者的觀點發現顧客的問題。

②重新定義體驗價值，找出使用者未被滿足的需求。

③不斷腦力激盪，產生創意想法。

④製作企畫書，確認創意想法是否可行。

⑤獲得回饋，反覆修正。

大家談到設計思考大多聚焦在方法上，但其本質不在使用手法，而是思考的方向性。設計思考來自建築師與都市規畫師之間思考差異碰撞後產生的火花，在一九八七年由彼得・羅（Peter Rowe）執筆的《設計思考》（*Design Thinking*）中第一次被提出。後來經過系統化整理，大家在解讀設計思考的理論時，不再著重於特定的問題解決，而是把起點擺在問題被改善後的狀態，或是問題發生前應有的狀態，然後思考要如何具體實現理想的狀態。

以前述的取水問題為例，以設計思考的方式觀察就不會把重點擺在讓取水工作變得輕鬆的工具，而是有沒有辦法讓小朋友不用再取水。從設計的角度來解決開發中國家的社會課題，其實早已經在一九七〇年就有人發表了❾。換句話說，設計思考的本質不是用來產生特定的服務或產品，而是一種適合解決廣泛的社會課題。

歸納式創新是從現狀找出問題，透過不斷用邏輯、講求解決策略的系統性思考而引導出來。相對地，演繹式創新則是以設計思考為基礎，也就是人的本質或理想狀態出發，再用邏輯回推而產生。

試著融合系統思考與設計思考

前面花了許多篇幅介紹了演繹式創新，卻不代表歸納式創新毫無用處。針對SDGs揭示複雜、複合性的問題，我們需要的發想絕對不是單純「A或B」，而是「A也要B也要」。比如說SDGs的指標三之六項是「在二〇二〇年以前，讓全球道路交通事故的死傷減半」。現在二〇二〇年早就到來，從現實觀點來看，這個目標很難達成，我們就把它當成思考案例。

想要達成這個目標必須像圖3-7那樣，想辦法融合系統思考與設計思考。具體來說，可以用系統性思考想出減少交通事故的方法。最具代表性的發想是透過AI自動駕駛，或透過普

圖3-7 系統思考與設計思考的融合

系統思考		設計思考
以搭車為前提		思考怎樣不用搭車
使用AI自動駕駛	SDGs 3.6 在2020年以前，讓全球道路交通事故的死傷減半	遠距工作的普及
智能紅綠燈		無人機物流系統
能自動檢測高齡者駕駛失誤的汽車		工作方式的改革與進化
歸納式創新		演繹式創新

及共享汽車來減少車輛總數，但這些想法都是以「有搭車需求的社會」為前提，光靠歸納式創新很難達成目標。

相對地，如果使用設計思考就會產生這樣的發想：**打造一個人不用搭車也能運作的社會不就好了**。要達到這個目標，就需要透過演繹式的創新想法，像是遠距工作的普及、VR／AR技術的革新使工作方式產生變化、透過無人機建構物流系統。

現今，許多經營者都強調企業想要持續成長必須創新，但實際上他們可能連歸納式創新都做不到。經營者應該在未來理想中找到自家公司的存在意義，這樣才能找到演繹式創新的靈感。

連鎖式思考法

SDGs的目標與指標相互關聯

SDGs的第三項附加價值是，各種目標相互關聯（linkage）。一說到SDGs，大部分的人都會想起代表十七項目標的圖示吧。由瑞典出身的創意總監雅各布·特爾巴克（Jakob Trollback）所設計的圖示非常有魅力，讓世界上所有世代的人因此認識了SDGs。但當初聯合國決定選擇這些圖示時，曾遭到非政府組織（NGO）痛批，這件事我想知道的人不多。

因為非政府組織認為，這十七項目標各自圖示化後，會給人一種各目標之間是獨立、分割的印象。這個意見確實有道理，SDGs的十七項目標、一百六十九項指標絕對不是零散獨立的存在，有時要實現其中一項目標反而阻礙其他目標的達成。但換個角度來看，如果能同時投入兩項以上的指標，反而會產生相輔相成的效果，對於達成目標有相當正面的影響。因此，對於這十七項目標與一百六十九項指標，我們尋求的應該不是一個一個解決問題的一次方程式清

圖3-8 系統思考與設計思考的融合

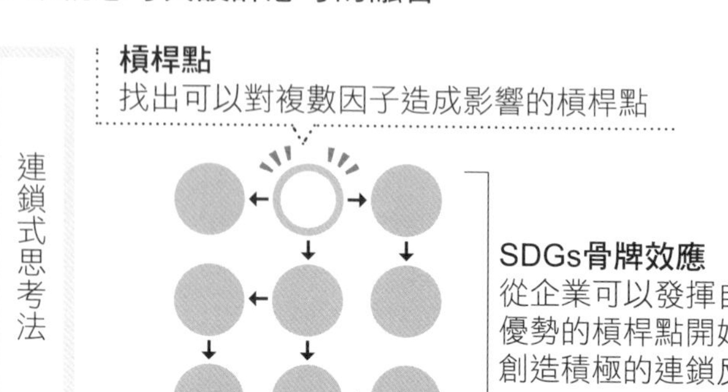

單，而是像聯立方程式般的解決方案。

ＳＤＧｓ其實存在著可以幫忙實現目標的槓桿點（槓桿的施力點）。前面提過，ＳＤＧｓ的目標以及指標之間相互的關聯性，既然互相關聯，必然存在可影響複數要素的支點（圖3-8）。看完下面世界糧食計畫署實施的學校營養午餐計畫，大家就能夠了解這個原理。

把營養午餐做為翻轉貧窮的槓桿點

這個案例早在ＳＤＧｓ通過之前就已經發生。世界糧食計畫署為了改善發展中國家的村落狀況，決定實行學校營養午餐措施。為什麼改善整體村落狀況和學校營養午餐有關呢？如圖3-9顯示，小學提供營養午餐可以產生下面的連鎖反應，改善各種狀況，也就是之前提過的槓桿點。

・小朋友（為了吃營養午餐）肯到學校上學（①）。
・去學校就有接受教育的機會（②）。
・透過營養午餐改善小朋友的營養（③）。
・創造更好的就業機會（④）。
・可以向附近的農民購買午餐食材，活絡地區經濟（④⑤）。
・增加了從多層面縮減貧富差距的可能性（⑤）。
・最終達到貧窮階層減少的目標（⑥）。

同樣的槓桿點也存在都市計畫中，而這也是ＳＤＧｓ通過之前就實行的案例。流經韓國首爾市的清溪川復育計畫⑩，從各個層面來看確實讓整個都市活絡了起來。清溪川一帶原本是逃避韓戰的難民聚集形成的貧民窟，有鑑於汽車社會即將到來，一九六七年政府撤走貧民窟，加蓋河川後在上面建設快速道路。但二〇〇〇年起，這條快速道路逐漸引發各種社會課題，像是道路老舊、噪音、空氣汙染、塞車嚴重等。當時首爾市長李明博在二〇〇二年的市

圖3-9 世界糧食計畫署透過學校營養午餐做為槓桿點

槓桿的施力點：槓桿點（學校營養午餐）

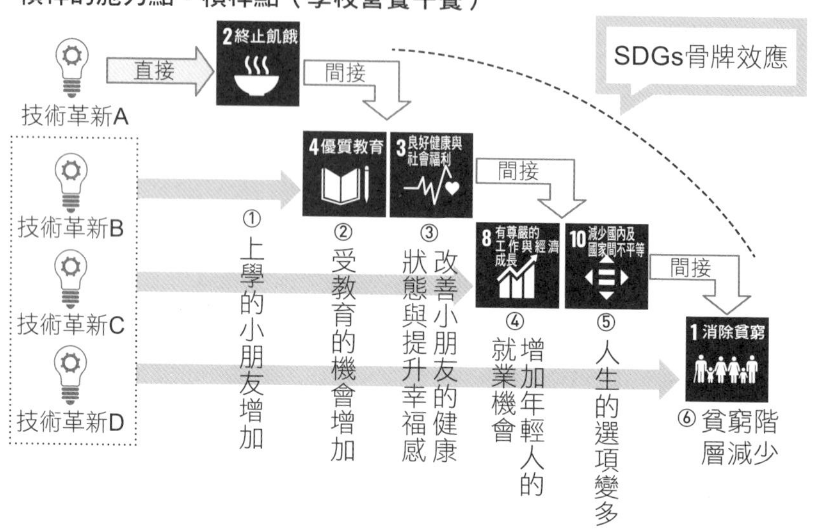

長選舉時，宣示要將首爾改建成環境友善都市，公開承諾要執行清溪川復育計畫。透過復育計畫，交通混亂的問題解決了，也大幅減少空氣汙染和噪音，更重要的是，配合南大門周邊整備計畫，清溪川成為一個重要的觀光景點。最終結果，市民多了一個休憩的場所，也消弭了江北地區和江南地區之間發展的落差。經試算，透過這項復育計畫所產生的龐大經濟效果大約超過二十三兆韓圜。

清溪川流域再開發產生的連鎖反應包括：

- 環境大幅改善。

・提供附近居民一個交流的場所。
・吸引觀光客的動力。

這不只為首爾帶來經濟動能，也造就了後來ＳＤＧｓ所指向的永續發展基礎。從上面案例來看，當我們把ＳＤＧｓ納入商業時，各目標之間的相互關聯性與槓桿點的重要性，其效果可能遠超乎我們想像。

找出「ＳＤＧ骨牌效應」的施力點

在SDG Partners公司，我們有一個項目稱為「ＳＤＧ骨牌效應」，意思是把注意力放在各目標之間的連結，以某個目標為起點朝其他目標產生作用，像「推倒骨牌」一般產生連鎖反應若企業、組織利用自身的強項，找出能引發連鎖變化的槓桿點，從那裏引發連鎖反應創造更大的社會影響力，對於企業導入ＳＤＧｓ的過程有很大的助益。

也有企業正式把ＳＤＧ骨牌效應導入自家公司的價值創造模式。二〇一八年以來，瑞可利控股公司（Recruit Holdings）在價值創造模式中，以自家事業活動創造出價值後產生的社

圖3-10 瑞可利集團的SDGs骨牌效應*

*本書標記為「SDG骨牌效應」
出處：轉載自瑞可利控股公司「SDGs骨牌效應與緞帶模式」
https://recruit-holdings.co.jp/who/reports/2019/ar19-sdgsdomino.html

會性成果（Outcome）為中心，選出了六項未來要投入、並會相互影響的目標，以ＳＤＧ骨牌效應的思考方式擺放在四周（圖3-10）。他們把自家公司要處理的社會課題定義為「消除情報的不對稱性」，把目標一〇（消弭人或國家的不平等）擺放在創造更大社會影響力的槓桿點，這種結構是希望藉由投入該項目標，因連鎖反應而對其他ＳＤＧｓ做出同樣的貢獻。透過這種ＳＤＧ骨牌效應的連鎖反應，他們可以把企業對社會影響力最大化，並連結該公司的基本理念「實現人人都能發光發熱的豐盛世界」。

企業的存在意義與長期願景

第二章說明了企業導入ＳＤＧｓ的意義。以大義來說，企業持續產出利益的同時，其過程應對社會發揮正面影響。以小義來說，導入ＳＤＧｓ是新市場與創新的泉源，還可以回應顧客期望，獲得優秀的人才。這四項理由也是企業納入ＳＤＧｓ時，實際上會發生的過程。

首先，大義與企業的存在意義和經營理念直接相關，其次，提供考量環境與人權的產品與服務，和吸引人才打造永續經營的組織，屬於公司治理的領域。最後，通過ＳＤＧｓ取得世界變化的先機去開拓新市場則屬於事業策略。

總體來說，企業把ＳＤＧｓ納入經營的過程大概有四個階段：

①經營理念結合ＳＤＧｓ；

②分析公司治理的機會與風險，針對ＥＳＧ提出明確的對應做法；

③結合各種不同的思考法，規畫中長期事業開拓與發展；

④把納入ＳＤＧｓ所做的努力向內部滲透、對外部宣傳。

1 經營理念結合SDGs

提到松下電器的創辦人、有「經營之神」之稱的松下幸之助，可說是無人不知無人不曉。他經營企業講求不拘泥於眼前利益而著重在社會使命，創業初始就立下如此經營理念：「貫徹產業人的本分，謀求改善和提高社會生活，以期為世界文化的發展做貢獻」⑪。早在九十年前松下社長就已公開宣示，在獲利的同時也要改善社會生活、為世界文化發展做出貢獻，同時追求利益與社會影響力。

松下電器繼承社長的理念，在企業社會責任的觀念尚未傳到日本之前，老早在一九六九年設立專門從事社會貢獻活動的部門，包括在教育、貧窮、非政府組織支援等不同領域做出各種貢獻。不只是經營理念，在員工的行動規範中也提出應遵奉的七大精神：產業報國、光明正大、和衷共濟、力爭向上、禮節謙讓、遵循法則以及造福社會⑫。

想想松下的企業沿革與創業者的想法，再想想松下現在的企業成就，不禁讓人感觸，唯有崇高的理想和理念，才能創造在既有軌道上看不到的價值。許多企業在擬定中期經營計畫時，都是從外在環境變化與市場動向判斷自家公司要（Must）面對的問題，以及從現在的事業內容和投資組合來看可以（Can）實現的事情，據此檢討自家公司的策略只能得到現況的延長發展。想要創造長期性的價值，必須結合國際社會要求的SDGs等全球性的架構，重新審視企業價值創造的核心，也就是經營理念（will），面對「你的公司為什麼要存在社會中」這個命題，經營者才能明確給出答案。

新概念：存在意義

企業的使命（Mission）、願景（Vision）、價值（Value）等概念，在企業理念中常使用金字塔結構呈現。儘管概念的表達和使用方式各企業不盡相同，但近十年來最頂層的位置，最常看到的是存在意義（Purpose），也就是企業的社會性存在意義（圖3-11）（Purpose大多譯為「宗旨」，但未必包含社會性意義，較多呈現公司最高指導原則，而作者認為的Purpose必然包括社會性存在意義，故本書的Purpose皆翻成貼近日文原意的「存在意義」）。

世界最大投資管理公司貝萊德集團（BlackRock），執行長拉里・芬克（Larry Fink）每年都會給他們所投資之企業的執行長寫一封公開信，在二〇一九年的公開信⑬中，他提到企業應該擁有超越利益最大化的存在目的引發大家的關注。

味之素在企業訊息中揭示了他們的企業哲學是「Eat Well, Live Well」，也就是「吃得好、活得好」。儘管這句簡單的話很難理解出更深層的概念，但味之素的存在正是為了做好這件事，換言之，這是他們的存在意義。以存在意義為基礎，他們立下的使命為「我們會站在地球的角度思考，為人類的『飲食』、『健康』，以及未來更好的生活盡一份心力」，願景為「以先進的生物科技與精細化工技術，引領成為國際專業食品企業集團」，還有行動原則「新價值的創造、開拓者精神、社會貢獻、重視人的價值」（圖 3-12）。味之素的企業理念以「飲食」為中心，從存在意義、願景到行動原則都有一貫性，完成度相當高。

找出核心優勢

想要明確定義自家公司的存在意義並實現經營理念，找出核心優勢非常重要。所謂的核心優勢是指，企業從創業初始到現在所磨練、累積的技術、經驗、知識、人才等獨特的強項，同時也是能成為未來競爭優勢的核心能力。一家企業即使經營複數以上的事業，其核心

圖3-11 將存在意義至於頂端的整理概念

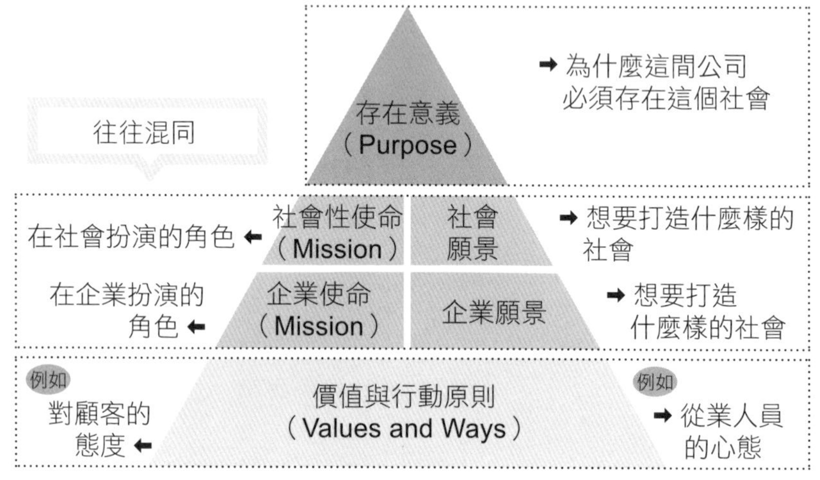

圖3-12 味之素集團的存在意義與VMV

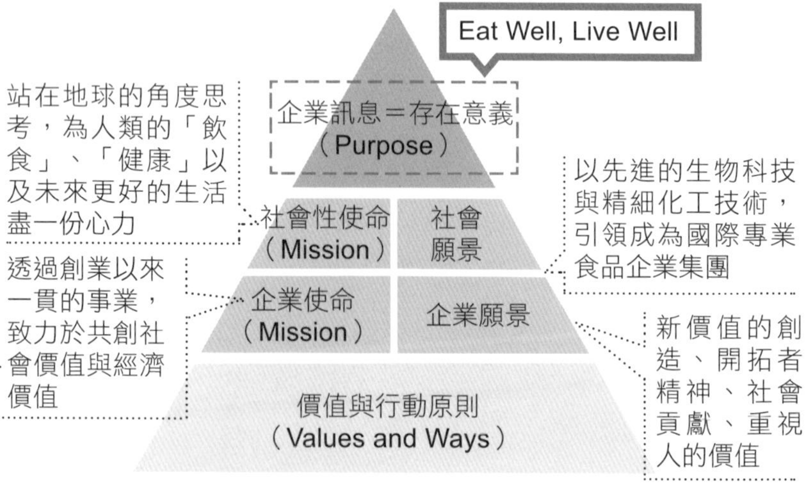

出處：參考味之素股份有限公司「味之素集團永續性資料手冊2019」製圖

圖3-13 魚攤的核心優勢

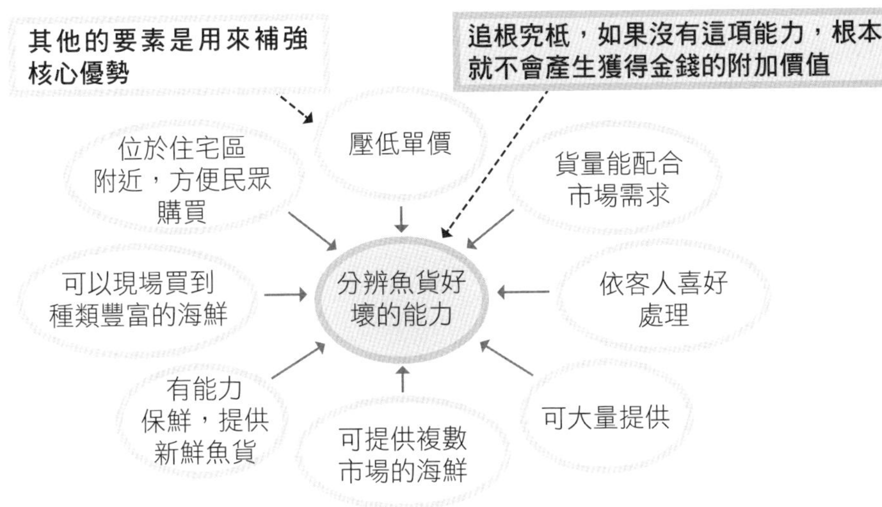

優勢仍適用於所有事業。顧客願意對企業支付額外的附加價值就來自這項核心優勢。換言之，核心優勢是使每間企業成為有別於他家企業而獨特存在的能力。

舉魚攤為例，讓我們想想其核心優勢是什麼？魚攤的強項可能是有大量的魚貨可賣、可以全國配送、認識技術高超的漁夫等。但是，若深入思考魚攤最核心的價值，上述這些要素只能是強項，不能算是核心優勢（圖3-13）。

那麼，什麼要素對魚攤來說才是核心優勢呢？舉例來說，分辨漁獲好壞的能力有可能是魚攤的核心優勢。當然你也可以說，大量進貨壓低單價或保鮮技術等，但這些都只能算是補強核心優勢的能力（Supporting

Competence）。當然，這只是一個例子，每家魚攤應該都有各自的核心優勢。一家企業既然能創造利益，就表示其事業活動中有一種核心能力能讓顧客願意支付相對應的附加價值。找出這個核心優勢是什麼，是確認企業存在意義不可或缺的過程。

明確定義核心優勢可以加速導入SDGs

明確定義核心優勢的企業代表例子，是前面在SDG骨牌效應提過的瑞可利控股公司。該公司將核心優勢定義為「連結尋找機會的人與提供機會的人」的能力。如同瑞可利把自家的商業模式稱為「緞帶模式」一樣，他們集合了客戶與顧客，再從中引導、連結幫助他們配對，從中創造出自己的價值。該公司的事業多元，包括人才派遣、求才廣告、促銷等，但提供的價值基本上是一致的。

比如說，求才求職網站Rikunabi連結想找工作的人與企業，SUUMO連結想租房子與想出租房子的人。如何巧妙地連結尋求機會與提供機會的人，就是瑞可利獲利泉源。這個傑出的「連結」能力，正是該公司背後最強大的力量來源。瑞可利如果把他們的核心優勢「連結」運用在導入SDGs上，一定能發揮最大限度的功能。

2 機會與風險的分析，明確的ESG對應

下一個步驟則是分析機會與風險，再根據結果做出ESG的對應，畢竟無論企業的規模大小，其經營活動必然會對社會造成正面和負面的影響。

以食品公司為例，提供讓顧客覺得「美味」的產品，吃了之後還可以提升健康，或者給人一種想和家人圍爐吃飯的氣氛，皆能為社會帶來正面的成果和影響。其次，從供應鏈來看，生產產品的過程可以增加許多就業機會也能產生正面影響。但換個角度來看，美味的食品包裝、包材會產生許多垃圾。如果廢棄包裝時沒有適當處理，將給地球環境帶來負面影響。再者，提供就業機會的供應鏈中，如果出現童工與人權問題，無視之下也會對社會造成負面影響。

很遺憾，許多經營者在導入SDGs的時候，大多忽視自家事業對社會造成的負面影響。消除公司治理與環境等問題帶來的負面影響，一時之間很難看到成果，所以大部分企業都會把力氣花在加強正面影響上，但如此做法並不正確。無視負面影響帶來的風險，一個勁地提升正面影響，無形中就是把SDGs變成漂白企業形象（SDG-washing）的工具。無論多麼強調正面影響，若忽視負面影響，一旦問題爆發出來，很容易會被貼上只做表面功夫、偽

表3-2 比較永續會計準則委員與國際整合性報導委員會對重要性的定義

永續會計準則委員會對重要性的定義	國際整合性報導委員會對重要性的定義
☑ 重要性是能顯著左右投資人判斷的情報。	☑ 重要性是投資人用來做合理投資判斷所使用的情報。
☑ 重大的永續性情報也包含在重要性情報中。 *美國證券交易所的上市企業有義務發布關於重要性的報告。	☑ 重要性包含財務與非財務的價值，國際整合性報導委員會追求的是思考與情報的統整性。 *參考：國際整合性報導委員會的指導原則。 策略性視角與未來意向／ 情報的連結性／與利益關係人的關係性／ 重要性／ 簡潔性／信賴性與完整性／ 首尾一致性與比較可能性。
☑ 永續會計準則委員會指定從下面五項切入點，做每種行業的重點課題。 ❶環境 ❷社會資本 ❸人力資本 ❹事業與創新 ❺ 領導力與公司治理	☑ 國際整合性報導委員會認為重要性為個別公司「能對組織的短、中、長期的創造價值能力產生實質性影響的現象」。

出處：參考永續會計準則委員網站、國際整合性報導委員會規範手冊（2013年）製作

善的企業的標籤。企業應追求正面影響極大化，負面影響極小化。

要達成這項目標該怎麼做呢？首先，先分解自家公司的供應鏈，然後明確找出每個過程帶給社會的影響，根據重要性（materiality）的程度，先後落實政策。所謂的重要性指的是「對財務產生重大影響的因素」，屬於會計領域的概念，並沒有正式的定義[14]。永續會計準則委員會（Sustainability Accounting Standards Board，SASB）和國際整合性報導委員會（International Integrated Reporting Council，IIRC）等機構都有各自的定義。在本書，我把重要性定義為，**企業為了提升、創造持續性價值，必須優先應對的課題**（表3-2）。

至於如何選定重要性課題，這裡就省略不談，畢竟這問題關係到「對誰、什麼樣的課題很重要、為了什麼原因而做出決定」等，企業才是主體，要在明白自己的目的之後，才能做出策略。

企業在選定重要性時要徹底地思考行動計畫，怎麼才能把機會最大化、風險最小化。為了推進措施，需要設定KPI將SDGs納入具體措施解決問題，並實際衡量和評估效果。這是一個長期的工作，企業要實際執行後才會慢慢出現變化，比如說提升從業人員的性別平等觀念，或訓練業務人員的非財務知識等。這些改變都意味著，企業投身ESG是非常值得的事。

3 結合複數的思考法來拓展事業

第三個步驟是結合複數的思考法來開拓新市場。開頭你可以這樣問自己：「三十年後的二〇五〇年，我們會過著什麼樣的生活？」

比如說，預測高等自動翻譯技術已經成熟，語言隔閡的障礙幾乎消失。其次，虛擬貨幣的普及導致各種交易型態的改變。國與國之間、語言和貨幣這兩大障礙都被消除後，新的共同體可能隨之出現。

除此之外，像是實際運用的自動駕駛技術與先進的通訊技術，「距離」這個概念可能就此消失。移動不需要成本，時間的消費方式也產生了變化，進而影響土地和居住空間的價值。還有，若科學技術不斷進步，醫療能克服更多疾病，所有的疾病也能在發病前先做預防，人類得以在未來以健康的狀態迎接百歲人生時代。這些都是參考部分現實所做的預測，當然也存在許多現在我們完全想像不到的可能性。

重要的是，我們如何描繪十年後達成SDGs的未來，或想要在三十年後實現怎麼樣的社會？未來的人們會過著怎麼樣的生活，而我的公司在那時會扮演什麼樣的角色？先不要認為這些想像不切實際，而是假設一切沒有技術限制、什麼都做得到的情況下，我的公司可以對社會提供什麼樣的價值。去除思考的框架、做登月大夢，這樣才能產生新的點子。再加上本書前面

圖3-14 運用系統思考與設計思考產生的創新想法

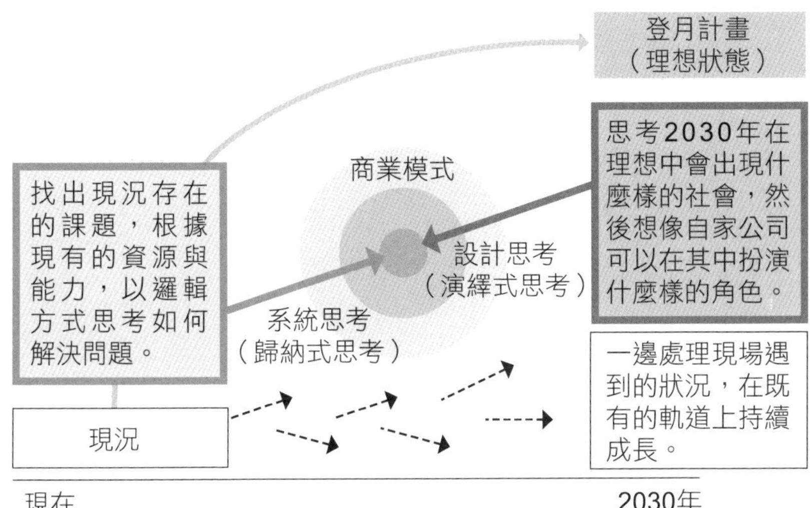

提到可以搭配兩種思考方式，也就是從現行技術可行的狀態不斷累積的歸納性系統思考，以及從未來理想狀態回推的演繹式設計思考，或許就能想出造福下一個世代的創新想法（圖3-14）。

愈來愈多企業開始以這樣的思考為基礎，推測自家公司提供的產品和服務對社會創造怎麼樣的影響力。如此思考的好處是，你可以事後評估當時推測的影響力實際上是否真的發生了，用結果為證，重新思考如何重製產品或服務，如此一來，也能跨入**影響力管理**（Impact Management）的領域了。

以往的市場行銷理論會把重點擺在打造把東西賣出去的架構，包括讓顧客知道自家公司的產品和服務，到顧客真正實際購買的每個流程。相比之下，影響力管理的理論則是，從社會影響力評估結果出發，回推思考最適合的事業，因此有可能以後會出現新的行銷方法：回溯預測市場行銷（backcast marketing）。

4 公司內外的溝通

發布公司為導入SDGs所做的努力時，跟利害關係人溝通也很重要。溝通可以從兩個層面來看，一個是對公司內部，一個是對公司外部。公開發布訊息可以提升公司內部對導入SDGs的認知度，也能提升員工士氣進而改善業績。當然，發布訊息的前提在於，公司有認真地針對環境、人權、公司治理等議題從本質上做出改變。

以對公司內部發布訊息來說，最重要的是領導人所做的承諾，而且要一而再再而三地重複。領導人一定要將對SDGs的了解用自己的語言、風格表達出來，否則無法打動員工的心。下一個階段是製造對話的機會。比如說，讓企業的經營階層與員工齊聚一堂的員工大會，或使用公司內部的SNS等製造一些機會讓經營階層與員工進行雙向溝通。在鼓勵參與的階段，公司可以設置內部的表彰制度，或制定一些可以反映在人事績效考核上的措施。針

圖3-15 對公司內部溝通提升員工士氣

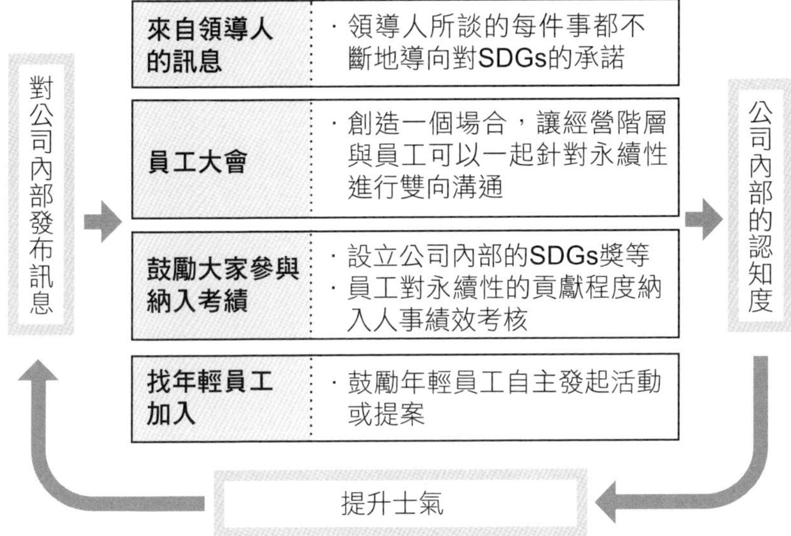

圖3-16 對公司外部溝通提升員工士氣

對態度比較積極的年輕員工，可以鼓勵他們舉辦一些自發性的活動（圖3-15）。

像這樣，歷經發布訊息、增進對話、鼓勵參加、落實行動過程後，可以想見，公司內每個員工會懂得獨立思考、行動並承擔責任。這才真正能讓員工把工作當成自己的事。「把公司的事當成自己的事」的過程，短期看不出成果。所以這類活動不能只是單次性的實施，應該制定年度計畫，做為策略性的溝通方案加以運用。

至於**對公司外部發布訊息**有很多形式，包括網站、綜合報告書等對外的報告或訪談，要留意的是，發布的訊息不能從偏袒自家公司的角度出發。若能由外部人士發布訊息效果更好。比如說，有影響力的人透過公司相關的網站或SNS發布訊息、自家公司經營階層與先進製程的企業經營者對談、請其他公司發布對談的內容等，這些做法效果都很不錯。

這些對外溝通的實施對象，最重要的當然是顧客、投資人等利害關係人，如果能透過外部公司來提升自家公司的認知度，反而回過頭來會提升公司內部員工對公司的認知度，產生一種「迴力鏢效果」。比如說，公司的綜合報告書在國際上獲得很高的評價，以及公司投注的努力受到顧客熱烈的支持，進而讓員工自信提升同時更關心公司的未來發展，這一連串正向循環就此出現了。正因為有這些相互影響的因素，在制訂溝通策略時最好可以有效地搭配對公司內部與外部發布的訊息（圖3-16）。

專欄——VUCA時代的到來

現在人生活的時代有時也被稱為「VUCA」時代。VUCA原本是九〇年代美國冷戰結束後用來表示複雜化的國際情勢軍事用語，二〇一〇年以後開始用於表現社會與商業愈趨複雜、難以預測的狀況。VUCA時代有以下四種特性：

1 易變性

意指市場上產生變化的質、量、速度等變得無法預測。由於IT技術日新月異，產品與服務不斷更新，消費者也變得喜歡嘗鮮、追逐新事物，傳統的商業模式很快就不管用了。現在的經濟已經擴展到全球性規模，往後要預測變化的難度只會愈來愈高。

2 不確定性

近年，發生前所未有的自然災害件數愈來愈多，藉由過去數據來預測未來的狀況將變得更困難。比如說，世界某個國家發生大規模的遊行示威活動，可能會影響遠在大海另一端的國家景氣，波及市民的日常生活等，所有現象互相影響的狀況頻繁發生，未來社會的不確定性只會愈來愈高。

3 複雜性

由於科技飛速進步、全球暖化的影響，人口動態開始出現變化，各種現象交織更為複雜，讓人擬訂計畫時很難預測未來。在經濟領域中，企業的活動已達到世界級規模，一家企業往往跟複數以上國家或區域往來，增添複雜性的同時也加大預測與分析的困難度。

4 模糊性

意指無法明確掌握事情的因果關係或關鍵情報。比如說價值觀的多樣化。在過去，每個人的情報來源不是電視就是報紙，文化流行也是透過電視廣告等由媒體製作的宣傳帶動起來。但是，隨著網路還有社群媒體的普及，個人成了發布情報的來源，人們的價值觀變化快速，導致在商業上參考過去案例的方法變得無效。

如上述，VUCA時代的變化速度極快，無法預測的現象一個接著一個冒出來。由於狀況時時刻刻都在變化，商業領域中的領導人必須比過去做出更快速的決斷與臨機應變，若還是跟過去一樣，照著以前累積實績的方式因循做下去或抄襲之前的成功案例，未來肯定與成功無望。企業唯有明確找出自己的存在意義，朝著自己嚮往的「理想狀態」持續挑戰，才是未來成功的關鍵。

參考資料：

1. Scott D. Anthony and Mark Johnson “*What a Good Moonshot Is Really For*”（Harvard Business Review 二〇一三年五月一四日）http://hbr.org/2013/05/what-a-good-moonshot-is-really-2
2. RE100網站http://www.there100.org/companies
3. 日本氣候領袖夥伴關係發表「來自一〇〇%再生能源需求者的建言」（二〇一九年六月十七日）http://japan-clp.jp/cms/wp-content/upload/2019/06/JCLP_release_190617.pdf
4. Salim Ismail and Michael S. Malone “*Exponential Organizations: Why new organizations are ten times better, faster, and cheaper than yours and what to do about it*” Diversion Books, 14. October 2014
5. 世界衛生組織、聯合國兒童基金會的「飲用水、環境衛生和衛生方面的進展（Progress on Drinking Water, Sanitation and Hygiene）」（二〇一七年）https://www.who.int/water_sanitation_health/publications/jmp-2017/en/
6. 麻省理工科技學院研究報導〈在現場測試中，設備從沙漠空氣中收集水（*In field tests, device harvest water from desert air*，二〇一八年三月二十二日）〉http://news.mit.edu/2018/field-tests-device-harvests-water-desert-air-0322
7. TERU有限公司「泉水潺潺」網站https://izumi-water.jp/
8. Metropolis, Tim Brow “*The Making of a Design Think*（實行設計性思考）”（二〇〇九年十月一日）https://www.metropolismag.com/ideas/the-making-of-a-design-thinker/
9. Victor Papanek “Design for the Real World: Human Ecology and Social Change”（一九七三年，Bantam Books）
10. 地方政府國際化協會（CLAIR）「清溪川復育計畫～睽違五十年復育後的清溪川～」http://www.clair.or.jp/j/forum/c_report/pdf/306.pdf
11. Panasonic網站「品牌口號、經營理念」https://www.panasonic.com/jp/corporate/management/philosophy.html
12. Panasonic網站「行動基準：第一章　我們的基本理念」https://www.panasonic.com/jp/corporate/management/code-of-conduct/chapter-1.html
13. 貝萊德集團執行長拉里．芬克「給執行長的信二〇一九年：企業理念與收益」https://www.blackrock.com/jp/individual/ja/about-us/ceo-letter
14. Eccles Michael P., Ribot Robert G.and Krzus Sydney(2014)*The Integrated Reporting Movement: Meaning, Momentum, Motives, and Materiality*

2015年為日本的ESG元年，日本政府年金投資基金簽署「責任投資原則」

出處：PRI網站（https://www.unpri.org/）

第 4 章

ESG的潮流

ESG是什麼

現在和SDGs一樣膾炙人口的是ESG。打開經濟版新聞，幾乎沒有一天看不到ESG這三個字。日本人現在對ESG關心的程度也愈來愈高。ESG這個題目非常深奧，用一本書也談不完，本章會著重在與SDGs相關的觀點來考察ESG的現狀與意義。

所謂的ESG就是指在考量Environment（環境）、Social（社會）、Governance（公司治理）之後所做的投資活動或經營、事業活動。這個概念原本興起於投資圈，一般稱為「ESG投資」，最近企業在經營層面納入ESG考量也成為趨勢。本章談的「ESG」不限於投資，還重視企業方面的行動。

其實ESG投資的觀念很早就有了，而日本經濟界開始關注ESG的緣由不是別的，正是對SDGs的關心高漲。

在第一章，我們談過商業界如此受重視SDGs的理由有三個要素：創造機會、風險最小化、形成經濟活動的基礎。ESG特別與第二項風險最小化有關，也就是致力於處理環境、氣候變遷的問題；貧富落差、人權等社會議題；強化公司治理，長期來說可以提升企業價值的想法。不過第三章也有談到，透過「SDG骨牌效應」和領導力產生的效果，能為經濟、社會整體帶來永續性，而導入ESG又可以提升創造商機的機會。

換句話說，導入SDGs的理由，其實就等同於導入ESG的理由。

ESG的市場規模

ESG現在的市場規模有多大？來自世界各地投資人參加的全球可持續投資聯盟（Global Sustainable Investment Alliance，GSIA）自二〇一二年以來，每年都會發行「全球永續投資報告」（*Global Sustainable Investment Review*），根據二〇一八年版報告中指出，全球的ESG投資規模超過三十兆六千八百三十億美元（約新台幣八百八十四兆元）❶。根據當時匯率換算為三千四百兆日圓，而日本的國家預算大約是一百兆日圓，也就是全世界有三十四倍日本國家預算的資金全都投入ESG投資（表4-1）。

ESG投資市場每年以相當快的速度增長，二〇一八年的投資金額與SDGs決議通過的二〇一四年相比，成長了將近七成，稍後會詳加敘述。另一個常被用來參考ESG投資規模方法是，觀察聯合國責任投資原則（The Principles for Responsible Investment，PRI）的署名機構家數以及運用資產額的變化。在二〇〇六年成立之初，署名機構只有六十三家，到了二〇二〇年已經超過三千家，運用資產額從六．五兆美元增加到一〇三．四兆美元❷（圖4-1）。有一點要補充說明，二〇二〇年的運用資產額和全球可持續投資聯盟出現很大的落差，原因是聯合國責任投資原則的署名機構不一定只做ESG投資。

日本ESG投資的驚人成長率

從上述資料可確，全世界出現一股巨大的ESG投資潮流，如果我們把目光鎖定在日本，你會發現ESG市場的擴張速度更令人瞠目結舌。當然，日本和歐美比還是後進，規模不過是他們的幾分之一而已，但光是從二〇一四年到二〇一六年，金額就以驚人的速度從八千四百億日圓成長到五十七兆日圓，成長了六十七倍，而二〇一六年到二〇一八年也成長了三倍來到二百三十二兆日圓，換言之，規模已經超過國家預算的二倍之多。

日本還有一項值得注意的現象，就是ESG投資比例的爆增（圖4-2）。相較於二〇一六

表4-1 ESG投資金額的變化

	金額（十億美元）			成長率		平均成長率
	2014年	2016年	2018年	2014～2016年	2016～2018年	2014～2018年
歐洲	10,775	12,040	14,075	12%	11%	6%
美國	6,572	8,723	11,995	33%	38%	16%
加拿大	729	1,086	1,699	49%	42%	21%
澳洲／紐西蘭	148	516	734	248%	46%	50%
日本	7（8,400億日圓）	474（57兆日圓）	2,180（232兆日圓）	6692%	307%	308%
合計	18,276	22,890	30,683	25%	34%	68%

出處：根據全球可持續投資聯盟2018年製作

圖4-1 PRI署名機構數與運用資產金額的變化

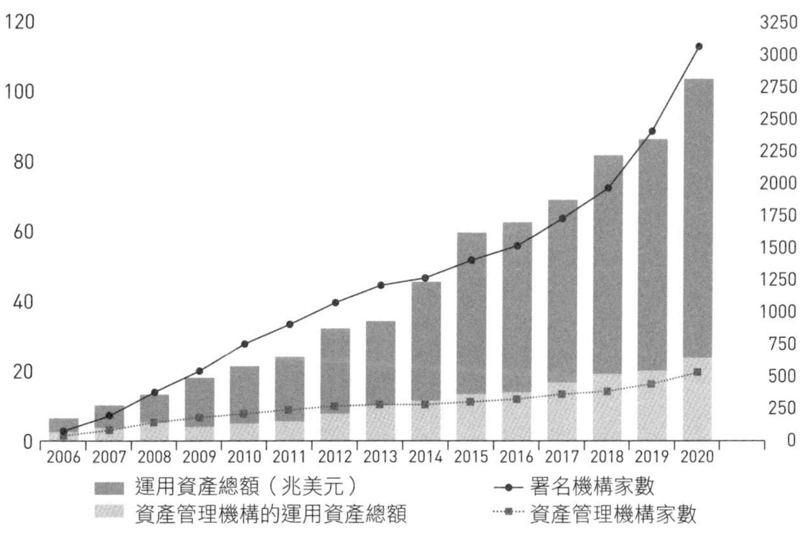

出處：根據聯合國責任投資原則網站製作

圖4-2 ESG投資比例的變化

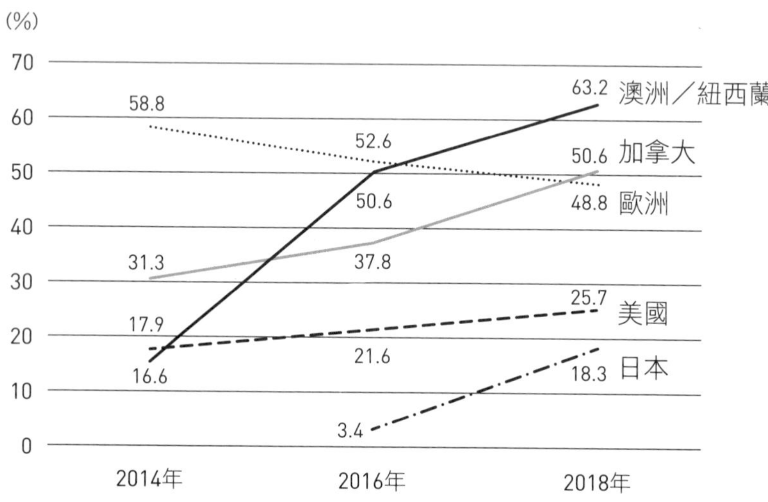

出處：根據全球可持續投資聯盟2018年製作

年只有三・四％，到了二〇一八年已經增加到一八・三％（二〇一四年只有整體亞洲的統計，沒有單獨日本的數據）。現在的數字可能又再攀升，說不定已經逼近美國。但即使如此，和歐洲、加拿大，以及二〇一六年ESG投資比例急速增加的澳洲以及紐西蘭相比，日本的比例還是算低，還有很大的發展空間。

ESG投資急速擴大的背景

ESG這個名詞第一次出現在世人眼前，是在二〇〇四年時任聯合國秘書長科菲・安南呼籲之下設立聯合國全球盟約組織公開報告書〈有心者勝——連接金融市場與變化的世界：來自金融業界的建議，有關分析、資產管理以及證券業整合環境、社會以及治理問題一事〉（*Who Cares Wins*）（圖 4-3）❸。

數百家企業執行長、市民和勞工團體參加了此次峰會，旨在將聯合國全球盟約組織與民營部門、金融市場的努力聯繫起來，由二十家全球領先的投資公司表明支持該報告書的內容❹。報告書強調，為了強化金融市場與提升永續發展的貢獻、相關的利害關係人的認知與相互理解、提升金融機構的信任感，必須把ESG的基準帶入金融市場，也間接在二年後，促成聯合國責任投資原則的成立。

圖4-3 報告書「有心者勝」提出的內容

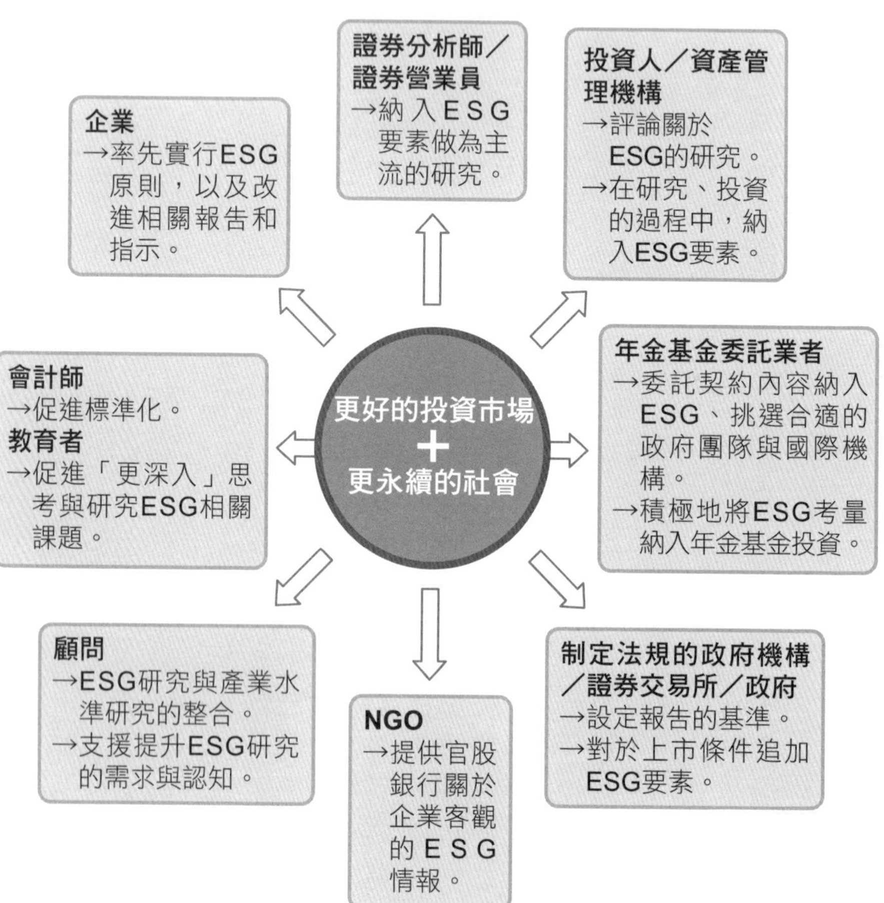

出處：聯合國全球盟約組織「有心者勝」
https://www.unepfi.org/fileadmin/events/2004/stocks/who_cares_wins_global_compact_2004.pdf

ESG的起源，道德投資時代

雖然ESG這個名詞誕生於本世紀，但以ESG為基礎的投資思考早在上個世紀二〇年代就開始了。當時美國的教會運用資產時，規定將菸、酒、賭博、武器等違反教義和價值觀的投資對象排除在外。在那個時代，講求**道德投資**、**責任投資**的風氣還很強盛。

進入六〇年代，在民權運動和反戰運動氣勢高漲的背景之下，公務員年金基金和大學基金等機構投資人，採納股東的提案，要求製造越戰燃燒彈的公司停止生產，或是要求企業必須雇用弱勢族群和對公害提出對策。

到了八〇年代，陸續有股東提案，針對在實行南非種族隔離政策的南非共和國發展的企業，實施不買運動的抵制（Boycott指聯合抵制某人或公司，甚至是國家的集體行為。），甚至要求企業撤資南非。當時，身為南非雇用黑人從業人員規模最大的通用汽車（General Motors）立刻撤資離開南非。由於撤資運動風起雲湧，迫使南非廢除種族隔離運政策。

關於SRI的發展與受託人責任的議題

進入九〇年代，社會責任投資（Socially responsible investing，SRI）意識萌芽，有兩個象徵性的變化值得一提。其一是在第一章提過的，歐美各國受一九九二年的地球高峰會影響陸續成立生態基金，不投資會造成環境不良影響的企業。其二就是，大家受到英國作家、創業家約翰·艾金頓（John Elkington）提出的「三重底線（triple bottom line）」❺的概念啟發，使得社會開始重視「企業社會責任」（Corporate Social Responsibility，CSR）。有鑒於此，市場上開始出現以企業社會責任評價為基礎，實踐社會責任投資的機構投資人出現。

另一方面，社會責任投資和道德投資的時代一樣，都是採用排除「負面表列投資法」，也就是不投資會產生社會問題的企業或行業，但由於投資對象限縮，投資人仍會擔心這做法是否會影響投資表現。於是開始有相反的意見出現，擔心若把社會責任優先於投資表現，這樣做是否違反了受委人責任（Fiduciary duty）。

受託人責任是指，運用他人資產的相關者（受託人），有責任（又或者有等同的義務）保證不追求自己的利益，而是以委託資產者的利益最大化來行動。然而在社會責任投資影響下，必須同時兼顧並平衡受益者應獲取的報酬與社會性目的。因此，取代過去主流的排除負面表列投資法，改以投資企業社會責任評價較高的企業這種「正面表列投資法」出現了，換句話說，不排除行業來確保投資範圍的同時，又能擔保一定的投資表現。

關於受託人責任的問題在歐美也是討論得沸沸揚揚。在日本，法律上並沒有明確表示受託人責任的概念，而是解釋為善管注意義務與忠實義務，關於這點日本也有自己的議論。一九九八年美國使用社會責任投資的公司卡爾瓦特資產管理公司（Calvert Asset Management Company），就是運用社會責任投資做為年金基金的投資運用，當時他們就曾向美國勞動部詢問，這麼做是否有違反受託人責任，最後得到的回答是「只要投資報酬率不遜色於其他方式就沒有違反受託人責任」。二〇〇〇年英國修正年金法，賦予年金受託機構必須明確公開社會責任投資方針的義務，為社會責任投資的擴大增添一大助力。

接著劃時代的改變出現了。英國富而德律師事務所（Freshfields Bruckhaus Deringer）在二〇〇五年為聯合國環境規畫署之金融倡議組織（UNEP FI）❻製作了一份報告書「富而德報告」。這份報告的結論如下，「基於ESG要素與財務表現的關聯性逐漸受到認可，現在幾乎在任何地區做投資分析時，都會將ESG納入考量，以利提高預測財務表現的信賴度。❼」

責任投資原則的誕生

為了推動二〇〇四年聯合國全球盟約組織報告書提到ESG投資，配合上述的氣勢趁勝追擊，二〇〇六年一個新的組織「責任投資原則」成立了。組織的名稱雖然叫做「原則」，但其實是科菲．安南設立的獨立組織。其實責任投資原則的成立，以及即將在第六章介紹、在「經濟與人權」領域扮演十分重要的角色約翰．羅傑（John Ruggie）的參與有密不可分的關係。這件事也是在日本納入ESG過程中進展較慢的「社會」層面，也就是企業責任，特別是供應鏈中的人權，而上述的例子正好告訴我們這是非常重要的要素之一。

責任投資原則是透過以下三項努力，期望建構一套永續全球金融體系的倡議，這三個項目包括：①協助促進六項原則的採納與實施；②強化良好的治理、誠實性、說明責任；③去除因市場的實施、結構、規定等會對永續金融系統產生障礙的因素。這六項原則是署名機構在與受託人責任一致為前提之下，給予承諾的六項原則。

責任投資原則的六項原則

①我們在做投資分析與決策時會納入ＥＳＧ議題。
②我們是活動性的股票持有者，在股票持有方針與慣性中會納入ＥＳＧ議題。
③我們會要求投資對象主體，針對ＥＳＧ課題做適當的揭露。
④我們會努力推廣資產管理業界，接受責任投資原則並加以實施。
⑤我們會透過合作來提高實施責任投資原則時產生的效果。
⑥我們會針對依照本原則實施的活動狀況與進度做報告。

責任投資原則誕生之後，全球市場對於ＥＳＧ的投資開始出現飛躍性成長，從成立至今十餘年，許多機構投資人或資產管理機構都對責任投資做出公開承諾。現金ＥＳＧ投資環境已經成熟，任何投資主體在做投資決策時，無論在實務上或公共政策，把ＥＳＧ因素納入考量皆為理所當然的義務。

ESG不違反受託人責任

關於受託人責任，後來也展開各式各樣的討論。聯合國全球盟約組織、責任投資原則、聯合國環境規畫署金融倡議組織共同在二〇一五年九月的公開報告書「二十一世紀的受託人責任」（*Fiduciary Duty in the 21st Century*），根據前述的富而德報告再延伸，做出關於受託人責任想法的結論❽，重新定義如下：

定義　二十一世紀的受託人責任

- **忠實性**：受託人為了受益者的利益忠實地行動，對於受益者之間的利益衝突取得公平的平衡性，避免與受益者產生利益衝突，不得為自己或第三者的利得行動。
- **慎重性**：受託人必須要相當謹慎、有技巧在審慎考量之下採取行動，如同「一般個性慎重的人」投資。

社會、金融系統、投資環境隨著時代不斷變化，受託人的責任也必須轉變為適合二十一世紀投資人的樣子才行。這份報告書就是從上述觀點出發，根據在英美、日本等八個國家進行調查最終做出來的結論：

- 投資人是否應在投資過程與決策中納入ESG考量？
- 投資人是否要鼓勵投資的企業提升ESG表現？
- 投資人是否有義務支援金融系統的整合性與穩定性？
- 投資人要如何應對氣候變遷這類大範圍的系統性風險與機會？

思考上述問題後，報告書得出的結論是，「在投資實務上，**若不考慮環境、社會以及企業治理問題等長期提升企業價值的要素，即是違反受託人責任**」。九〇年代社會責任投資時代的想法才過四分之一世紀，關於受託人責任竟出現一百八〇度的轉變。

日本擴大投資ESG

在美國，ESG投資歷經二〇〇八年的雷曼兄弟金融事件與二〇一六年的美國總統大選兩大急轉彎而快速擴大。背後因素可歸結於經濟、金融市場的崩壞，以及民眾對政治的不信任，「面對環境、社會、治理問題，我們必須靠自己做些什麼？」這股氣氛愈來愈濃厚。順帶一提，第二個轉機可以說是ESG版的「川普衝擊」（trump bump）。

話說回來，日本的ESG市場為什麼會突然擴大呢？

如前述，ESG的概念誕生於二〇〇四年，但其實在更早之前日本就有ESG投資。比如說，成立於一九九九年八月的日興生態基金[9]，他們的選股集中在與特定環境主題相關的股票，是日本第一家評價企業應對環境程度的投資信託。幾乎在同時期的一九九九年九月，安田火災全球投信投資顧問〔現為森寶（SOMPO）資產管理公司〕開發的SompoJapan Green Open基金，被暱稱山毛櫸之森[10]算是日本ESG投資的先鋒。緊接著隔月，興銀第一生命資產管理（現為Asset Management One）與UBS全球資產管理〔現為瑞銀資產管理（USBAsset Management）〕設立了生態基金等，許多基金相繼成立，到二〇〇五年三月為止總計有二十家生態和社會責任投資基金誕生[11]。

但是那個時期的日本，投資主流仍是講求對社會有貢獻的企業社會責任，大家認為若納入ESG要素考量勢必會犧牲投資表現。後來，雷曼金融事件與東日本大地震發生後，許多大受影響的日本企業第一個先砍的，就是被視為對營業額沒有貢獻的企業社會責任預算，連帶的ＥＳＧ的發展也受到停滯。

最大的轉機出現於二〇一五年「**日本政府年金投資基金**」簽署責任投資原則。全球的資產運用一半以上都是個人投資者的資產，但若以個別來看，擁有巨額資產可運用的絕對非年金基金和政府基金莫屬。其中，年金基金的性質特殊，受託於人們的生涯資金，運用資產時必須站在長期的視野，分散投資各種資產和有價證券，所以又被稱為「普世資產所有者（Universal owners）」。同樣的，日本政府年金投資基金也肩負日本年金制度這個重大的使命，所以要分散投資國內外的股票、債券，投資標的範圍非常廣。日本政府年金投資基金可運用資產額超過一百五十兆日圓，規模在全世界的資產管理機構當中數一數二（表 4-2）。

規模如此龐大，所以日本政府年金投資基金更有市場的「鯨魚」之稱，在簽署了責任投資原則後，當然也對日本金融市場帶來波動。世界最大級的機構投資人決定將ＥＳＧ納入投資項目，等於是向世界發出訊號。當擁有日本股票市場大半股票、委託多家資產管理機構的日本政府年金投資基金開始重視ＥＳＧ投資，其他人也只能跟進了。二〇一五年九月以前，日本的署名機構數只有三十家，到了現在二〇二〇年五月底，已經增加到八十三家了。

二〇一四年二月金融廳導入日本版的管理守則（Stewardship Code）做為自主約束，二〇一五年六月金融廳與東京證券交易所共同策畫公司治理守則等，規範機構投資人有責任做出

表4-2 前十大世界資產管理機構（2018年底）

順位	基金名稱	國家	總資產額	分類
1	日本政府年金投資基金	日本	$1,374,499	年金基金
2	挪威政府養老基金 （Government Pension Fund）	挪威	$982,293	年金基金
3	中國投資有限責任公司 （China Investment Corporation）	中國	$941,420	政府基金
4	阿布達比投資局 （Abu Dhabi Investment Authority）	阿拉伯聯合大公國	$696,660	政府基金
5	科威特投資局 （Kuwait Investment）	科威特	$592,000	政府基金
6	美國聯邦退休儲蓄投資委員會 （Federal Retirement Thrift）	美國	$578,755	年金基金
7	國民年金公團 （National Pension）	韓國	$573,259	年金基金
8	香港金融管理局之投資組合 （Hong Kong Monetary Authority Investment Portfolio）	香港	$509,353	政府基金
9	SAMA外匯控股 （SAMA Foreign Holdings）	中國	$505,755	政府基金
10	公教人員退休基金（ABP）	荷蘭	$461,682	年金基金

出處：根據Willis Towers Watson “The Thinking Ahead Institute’s Asset Owner 100”製圖

長期提升投資對象企業價值的投資行動，以及要求與投資對象展開對話。二〇一四年八月由經濟產業省發布「持續成長的競爭力」計畫的最終報告書「**伊藤報告**」中提到，日本企業的股東權益報酬率（ROE）低於國際水準，有鑑於此，為了促進企業持續成長，企業與股東必須透過「協創」創造永續價值，轉換成意識到資本效率的企業價值經營[12]。由於這些背景相互影響，使得ESG突然變成當紅炸子雞，最後讓日本政府年金投資基金這條鯨魚不得不做出動作。

日本政府年金投資基金成為責任投資原則的署名機構是在二〇一五年九月十六日，發布新聞稿是在九月二十八。巧的是，前一天安倍晉三（Shinzo Abe）首相才在聯合國總部發表歡迎採納SDGs的聲明，在這份聲明中也提及日本政府年金投資基金簽署責任投資原則。雖然只是個人推測，但我認為這個動作代表日本明確表達了贊同SDGs，包括必須認真落實ESG一事。

ESG投資的現況與課題

日本政府年金投資基金簽署責任投資原則已經過了五年，但ＥＳＧ的本質並未獲得廣泛的理解。和企業理解ＳＤＧｓ本質一樣進度緩慢，很多企業會問為什麼要投入ＥＳＧ？有什麼意義？大家急切想了解的理由之一是，ＥＳＧ與投資行為密切相關，所以被認為是上市企業該做的事。

ＳＤＧｓ與ＥＳＧ的關係

有人會問，ＳＤＧｓ與ＥＳＧ有什麼不同。還有不少人會把ＳＤＧｓ和ＥＳＧ混為一談。關於ＳＤＧｓ與ＥＳＧ的關係，最常參考的就是日本政府年金投資基金整理的圖4-4，但對大多數的日本企業來說還是難以理解，因為長久以來他們被教導要投入企業社會責任

圖4-4 日本政府年金投資基金的ESG投資與SDGs的關係

ESG投資與SDGs的關係
解決社會課題，創造事業與投資機會

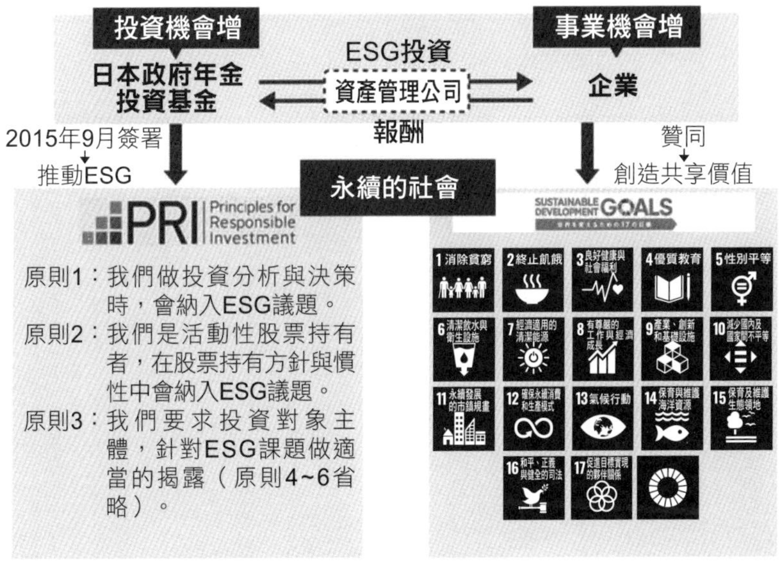

出處：日本政府年金投資基金「ESG投資與SDGs之間的關係」

（CSR），還要創造共享價值（CSV）以實現社會價值為目標。光看這張圖，也很容易讓人以為SDGs還有ESG應該是上市大企業才要做的事。

ESG是投資方藉由金錢這個重要的工具，針對企業獲得的資源（不限於透過股票、債券等投資）是否對經濟、社會、環境產生正面影響，從長期視角來評價的投資方式。另一方面，「企業社會責任」和「創造共享價值」比較像是結合企業與社會的概念。投資人不會直接對社會造成影響，而

圖4-5 ESG、SDGs、企業社會責任、創造共享價值之間的關係

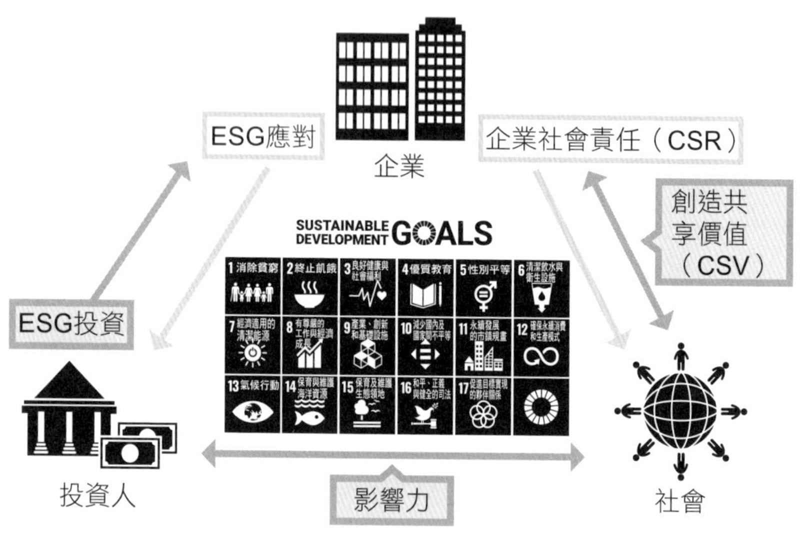

是透過投資活動要求企業提升長期性的價值，讓企業努力解決社會問題，簡單來說，就是擁有間接性的影響力。

SDGs的架構則大許多，從企業、投資人、國家、地方政府、國際機構、教育機構、非營利組織、非政府組織、公民社會等所有利害關係人，從地球規模的社會議題到日常的消費行為、生活方式，以各種行動為對象，訂立遠大的目標（圖4-5）。

非財務資訊的考量

過去在評估企業價值時完全採用財務資訊。簡單來說，財務資訊就是財務報表上顯示的資訊，像是營業額、利益、訊息揭露

等，也包括從這些訊息計算出來的股東權益報酬率、股價淨值比（PBR）、本益比（PER）等指標與成長率等。但在前述ESG投資程度高漲的背景下，投資人開始重視非財務資訊。非財務資訊包含許多ESG的要素，是無法用數字表現在財務報表上的經營策略、經營課題、長期願景、風險與機會、環境保護、供應鏈的透明性、正派經營體質的健全性（治理）等。

前述的「伊藤報告」中就指出，「企業方擔心投資人只顧著追蹤季報這類短期的業績數字，對企業發布的非財務資訊（願景、創新活動、企業社會責任等）不感興趣，也不知道要傳達哪些長期性的訊息幫助投資人做投資判斷。另一方面，投資人不滿意企業只揭露一些為了遵守法規的訊息，沒有公布他們真正想要的情報，亦即幫助判斷長期企業價值的資訊」，因此提醒企業和投資人雙方有必要深入研究非財務資訊。在二〇一七年的「伊藤報告二·〇邁向永續成長的長期投資（ESG·無形資產投資研究會報告書）」中，內容集中在ESG，並把ESG視為評價企業永續性與風險投資判斷的重要要素[13]。另外，在二〇二〇年三月更新的日本版管理守則中明示，機構投資人在擬定運用策略時，必須考量到包含ESG要素的永續性，以此做為守規責任。

如果把企業的財務資訊比喻成運動選手的身體的話，大概就是肌力、瞬間爆發力、持久力等顯現外在的強壯肉體。另一方面，非財務資訊就像是內臟的健康狀態。假使一位運動選手擁

圖4-6 財務資訊與非財務資訊

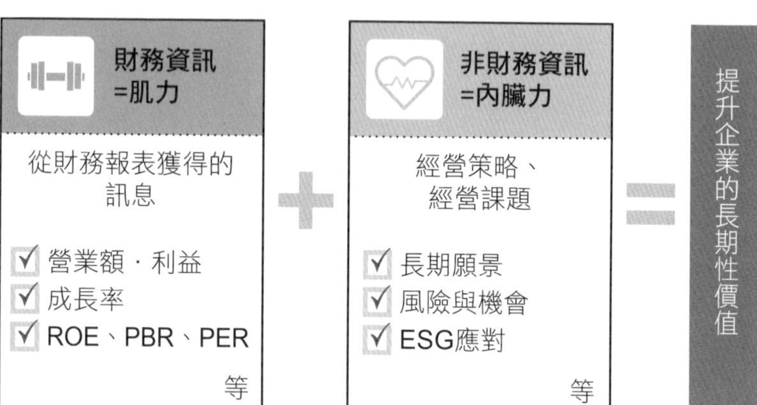

有可以出賽奧運的強健體魄，但內臟或血管罹患疾病，他的選手生涯大概也很難長久。一流的選手平時就會注意飲食和生活作息，保持內臟健康，提升身體能力。相對地，光只有內臟健康，也無法出賽奧運。只有同時擁有強健的肌力與健全的內臟，選手才能表現優秀。

同樣道理套用在企業也一樣。一家企業即使業績很好，但會造成環境汙染與侵害人權，這種治理脆弱的企業早晚會倒閉。相反地，只重視社會貢獻不顧業績的企業，無法得到投資人等利害關係人的關注。只有同時兼顧財務資訊與非財務資訊，企業才能創造出長期性的價值，而且要公開清楚說明這二者的健全性，如此才能獲得利害關係人的青睞（圖4-6）。

ESG投資法

ESG投資有幾種投資方式。以全球永續投資聯盟來說，分成七種（圖4-7），其中最傳統的做法就是從道德投資時代就在做的「負面表列」，也就是把有問題的企業直接排除在投資名單之外。即使到了現在，國際上還是使用這種手法居多。歷經受託人責任的議論之後，「正面表列」的投資法出現了，也就是主動選擇與投資ESG評價較高的行業或企業，但因為要從ESG的觀點徹底調查事業，事前必須歷經高度資訊分析才能選出投資標的，所以比較少人使用。

僅次於負面表列第二多人使用、也逐漸成為日本主流的手法，是根據過往商業模式與財務報表的分析中，加入ESG要素做為投資判斷的「ESG整合投資」。至於「參與・行使表決權」則是站在股東的立場與投資對象展開對話，或行使表決權促使投資的企業採納ESG，是日本當前最常用的投資法。其他還有聯合國全球盟約組織、國際勞工組織（International Labour Organization，ILO）等「基於國際規範表列」投資法；投資以永續性為主題事業的「**永續性主題投資**」；以解決社會、環境問題、區域開發為目的的「**影響力投資**」。

圖4-7 全球ESG各投資策略的金額（十億美元）

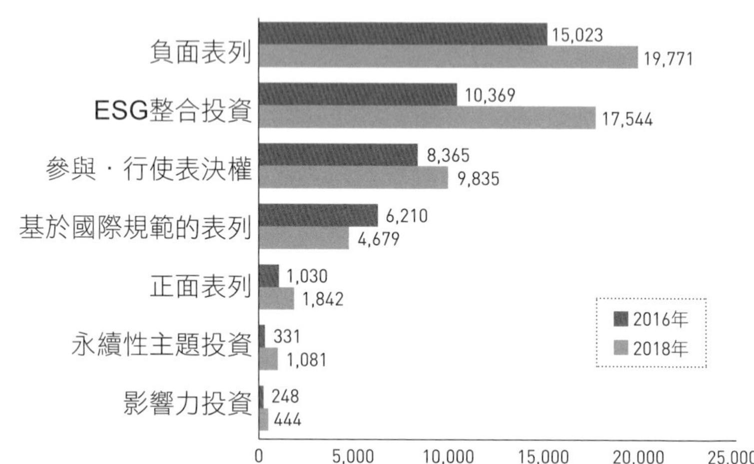

出處：根據聯合國全球盟約組織2018製圖

除了上述的分類法之外，還有由股票、債券等做為投資組合的投資信託基金，根據投資方式的不同分成**主動式投資與被動式（指數型）投資**。所謂的被動式投資，是以日經平均指數或東證股價指數為基準，透過與該指數的連動獲得報酬。主動式投資就是基金經理人選擇投資標的，並看好時機點進場買賣，目標是贏過大盤的投資手法。主動式投資如果能掌握好市場與個股的動態，確實可以獲得高於市場平均的報酬。但是這種投資方法必須事前做市場預測、情報收集、分析，花費成本較高，此外基金經理人的能力也會大幅影響投資表現，所以屬於高風險的投資手法。另一方面，被動式投資雖然只能獲得市場平均的報酬率，但優點是不需要預測市場，可以節省成本，投資人只要支付低廉的手續費。

過去主動式投資是主流，但隨著投資成本降低、指數股票型基金（ETF）的誕生，主動式投資的優勢不在，被動式投資的比重逐漸增加，直到現在，已經超越主動式投資。以日本政府年金投資基金的資產運用來說，二〇〇一年剛從年金福祉事業團改組為年金資金運用基金時，主動式投資與被動式投資約各占一半，之後被動式投資過半，到了二〇一九年底被動式投資的比重已近八成[14]。這是因為主動式投資的報酬表現低於被動式投資，所以慢慢地將資金挪動到手續費便宜、報酬相對穩定的被動式投資。

在ESG投資的領域也一樣，被動式投資逐漸增加，其背景在於ESG對應個別股票的情報很難獲得，但與ESG相關的指數標的卻發展迅速。當然，有人懷疑用被動式投資ESG是否有效，畢竟被動式投資人比起主動式投資人，對個股的見解非常缺乏，有效性參與的部分非常薄弱，可以參照的指標品質參差不齊，撤資也有難度等[15]，關於這些議題目前還沒有結論。不過，標榜世界級ESG投資的先驅的美國黑石集團（Blackstone Group）與領航投資（The Vanguard Group），現階段也是十分重視被動式投資，從這點來看，毫無疑問被動式投資是目前世界最主要的潮流。

愈趨複雜的ESG評價資訊

在ESG投資的部分，投資人參照的情報有哪些呢？以被動式投資參照的基準ESG指數來說，最早起源於一九九〇年開發的安碩凱特四〇〇社會指數基金〔MSCI KLD 400 Social Index，最初名稱為多米尼指數（Domini Social 400 Index）〕。[16]之後，一九九九年道瓊永續指數（Dow Jones Sustainability Index）、二〇〇一年富時永續指數（FTSE4Good Indexes）陸續登場。在這段時期ESG這個名稱還沒出現。沒多久後，投資人對ESG的關心快速升高，做投資決策時ESG評價資訊的需求愈來愈多，開始有各種指數被編制出來。現在關於ESG的指數種類已經超過一千種。

ESG的評價資訊不像財務資訊可以輕易地用數字估算，根據評價公司的不同，評分的基準也不同，同一檔股票可能在不同的評價公司出現完全相反的評價，這樣的情況並不少見。再加上，提供傳統投資資訊的公司或債券信評公司也加入ESG評價市場，評價業界不斷上演併購戲碼，讓投資人愈來愈難判斷該使用哪家評價公司的指數才好。

有鑑於此，市場上甚至出現「評價」ESG信評公司的機構。最具代表性的，當屬英國顧問公司ERM集團旗下調查公司SustainAbility所做的「Rate the Raters」評比報告。該公司問卷調查以及訪談機構投資人，從「品質」與「實用性」兩個基準進行評價，在二〇二〇年版[17]中，被選為「最實用」的ESG評價資訊公司為Sustainalytics，該公司在全球範圍的涵蓋度，以及對企業的永續性評價、透明性等在機構投資人之間獲得最高評價。其次，則是非營利組織國際碳揭露計畫（Carbon Disclosure Project），對於溫室氣體排放以及水資源管理等評價也公認有很高的水準。還有和Sustainalytics一樣範圍涵蓋全球的MSCI公司，其所做的報告品質也很高，實用度方面頗受好評。其他還有提供道瓊永續指數的RobecoSAM公司的Corporate Sustainability Assessment評價（CSA），以及提供行使表決權建議的大型諮詢公司Institutional Shareholder Services評價（ISS）[18]，該公司從二〇二〇年五月開始提供SDGs影響力評價報告服務，一時之間蔚為話題。相反地，有擁近二十年歷史的富時羅素（FTSE Russell）卻被機構投資人評價為「完全不實用」。

每個機構投資人使用評價資訊、指數方法、目的性不盡相同，很難說哪家公司提供的評價資訊孰優孰劣。目前來說，許多ESG的評價資訊來源混亂，不僅評價基準不透明，評價手法也是形形色色，成為未來ESG投資發展上的瓶頸。因此，歐美的金融監管機構已經著手檢討，針對這些評價公司制定基準與法規。

日本政府年金投資基金採用的ESG指數包括綜合型指數的富時花開日本指數（FTSE

圖4-8 日本政府年金投資基金採用的ESG指數

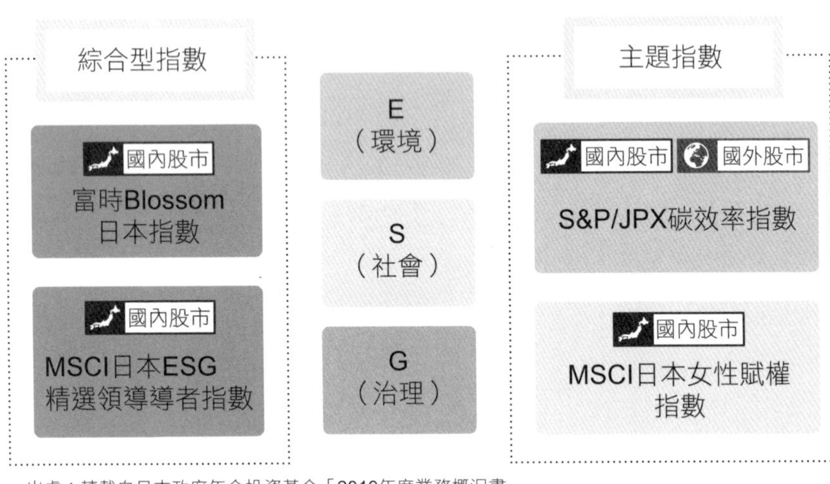

出處：轉載自日本政府年金投資基金「2019年度業務概況書」

Blossom Japan Index）和MSCI日本ESG精選領導導者指數（MSCI Japan ESG Select Leaders Index），還有環境主題指數的S&P／JPX碳效率指數（S&P／JPX carbon efficient index）和社會主題指數的MSCI日本女性賦權指數（MSCI Japan Empowering Women Index）（圖4-8）。日本政府年金投資基金透過這些指數採用被動式投資的金額在二〇二〇年底達到四兆日圓[19]。

ESG資訊揭露的課題

ESG評價的基準與手法會如此繁多，原因出在企業方的ESG資訊揭露進度緩慢。除此之外，ESG資訊揭露的基準、架構、指引等也是五花八門，導致企業在揭露資訊時很容易產生混亂。對此企業方也是大吐苦水，他們好不容易才開始了解揭露ESG資訊的重要性，但具體來說要遵從哪些基準、指引，該揭露什麼樣的資訊，只能說一頭霧水。

目前，大部分的企業最常用來揭露ESG資訊的方法是**綜合報告書**。綜合報告書指的是從財務、非財務資訊中，簡潔明瞭地整理出有關永續價值提升的重要情報，設想的情報提供對象多以投資人或股東等財務資本提供者，但最近也開始增加員工與求職者等其他利害相關人為對象的內容。自從企業被要求揭露包含ESG要素等非財務資訊，像是明確化公司重視的長期願景、社會性價值等，愈來愈多企業發行的綜合報告書已不像過去那樣，只記載財務資訊的有價證券報告書或整合報告書（Integrated Report，IR），而是整合非財務資訊一起做說明。這在日本已經形成一股熱潮，到二〇一九年底發行綜合報告書的企業已經多達五百三十六家，居世界之冠（圖4-9）[20]。

只是大多綜合報告書內容只是把財務資訊與非財務資訊釘成一本，也就是形式上的「整合」，缺乏如何以ESG應對為基礎來長期提升企業價值的「整合性思考」。還有，很多企業仍不知道要遵從哪個標準，或要放多少非財務資訊在綜合報告書裡面。

其實，綜合報告書這類揭露資訊的報告有很多基準可遵循，像是以全球性的基準來說，

圖4-9 發行綜合報告書的企業家數變化

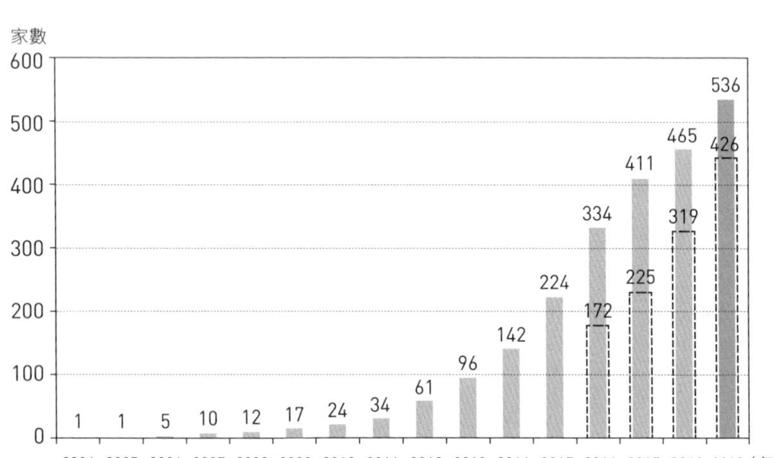

虛線框起來的部分為狹義的綜合報告書
出處：根據Disclosure& IR綜合研究所「綜合報告書發行狀況調查2019最終報告」資料製圖

國際綜合報告理事會（The International Integrated Reporting Council，IIRC）的綜合報告架構、全球報告倡議組織（Global Reporting Initiative，GRI）的標準、永續會計準則委員會的標準、氣候相關財務揭露（Task Force on Climate-related Financial Disclosures，TCFD）的與氣候相關的財務資訊的揭露基準（第五章詳述）等。以日本的基準來說，由「伊藤報告二·〇」起頭，接著由經濟產業省在二〇一七年五月發布的「價值協創指引」（表4-3）。

現在有一些計畫正在進行，期望可以整合這些令人眼花繚的基準與指引。前面提到的碳揭露計畫、全球報告倡議組織、

表4-3 主要的ESG資訊揭露基準

對象	名稱	揭露資訊的種類	特徵
全球	國際綜合報告理事會	財務・ESG全面	・整合企業的財務資訊與非財務資訊所做出的綜合報告書，創造出新的報告型態。 ・許多企業採納的基準。
全球	全球報告倡議組織標準	ESG全面	初版發布於2000年，為全球歷史最悠久的ESG資訊揭露基準之一。
全球	永續會計準則委員會的標準標準	ESG全面	・針對77個產業類別設定具體的揭露項目與指標（但是，最終由企業決定話題的重要性）。 ・2018年發布重新制定的新標準受到矚目。
全球	氣候相關財務揭露最終建議書	E（氣候變遷）	著重於氣候變遷相關的財務資訊。每年的報告書中建議的揭露架構最受到矚目。
日本	價值協創指引	財務・ESG全面	由經濟產業省主導製作的指引，有系統、有條理地整合投資人應知道的資訊（經營理念、商業模式、策略、治理等），可以提高資訊揭露、與投資人對話的品質。
日本	環境報告指引	E	從1997年的「環境報告書製作指引～簡明易懂的環境報告書製作方法」制定以來，歷史悠久，對日本企業的環境資訊揭露影響很大。
日本	有價證券報告書	財務・ESG全面	日本最具代表性的規章揭露。從政策方面充實非財務資訊。
日本	關於公司治理的報告書	G	日本最具代表性關於公司治理的規章揭露。

出處：編輯並轉載自Nissay Asset Management「關於ESG資訊揭露的調查研究報告書（二〇一九年三月）」

永續會計準則委員會的標準、國際綜合報告理事會之外，還有建構全球架構，致力於使企業的氣候變遷資訊揭露標準化的氣候揭露標準委員會（Climate Disclosure Standards Board，CDSB）等，都有參加企業永續報告論壇（Corporate Reporting Dialogue，CRD）自二〇一九年起實施二年的「最佳化永續的一致性機制（Better Alignment Project）」，希望在維持各架構的情況下，明確化ESG資訊揭露基準的共同點與差異、整合重複的部分，提升資訊揭露整合性的計畫。

同樣地，許多致力於揭露ESG資訊的企業也開始著眼於各種基準與指引的共同點，積極地揭露這些重點資訊。由於投資人所需的資訊和評價方法不同，所以愈來愈多企業認同先從重要的共通點開始看起，才能提高資訊揭露的效果。這一點也可以套用在ESG指數的資訊揭露上。

為了因應評價公司評比，企業現場疲於奔命

再說一個比較技術性的話題。目前的現況是，企業負責ESG資訊揭露的人每年都會收到來自各家ESG評價公司寄來的問卷調查，他們光是回答這些問題就被搞得七葷八素的。

有些評價公司從企業網站或各種報告書中揭露的資訊就能進行評價，但有些評價公司會寄一份有幾百項問題的問卷調查給企業，再根據回答的內容進行評價。更何況，大型評價公司的問卷要回覆的問題甚至多達一千多項，有些問題如果人事部等負責回答的人沒把握的話，就要改向相關部門收集情報。目前，就連大企業負責ESG相關部門的員工都很少，我在現場常常聽到這些人員為了應對ESG評價公司而花上很多時間，常常弄得人仰馬翻。

雖說企業追求ESG的本質不應該是為了被納入ESG指數成分或提升自家評等，不過只要企業提升了ESG的評價，就會被中長期投資人選為投資對象，可以成為企業納入ESG的誘因，進而提升企業價值，這麼說來，有效地揭露資訊就成了不可或缺的行動。

企業將面臨什麼樣的ESG議題

ESG有各種基準和架構，企業除了要將共通的資訊當做必要項目揭露於網站上或各種報告書中，也要時常關心全球性的社會議題。ESG指數參照的項目還有架構的內容，時時配合著經濟、社會情勢的變化而改變，張大眼睛盯著這些變化，適時地負起企業應有的責任，做出適切的回應，就能降低或預防經營風險、拓展商機並獲得廣大利害關係人的好評。

比如說，二〇一九年海洋塑膠的問題在日本備受關注。這是因為二〇一八年六月在加拿大舉辦的G7沙勒瓦高峰會中，推動簽署了《海洋塑膠憲章》（*Ocean Plastic Charter*）。其實，海洋塑膠早在三年多前的二〇一五年一月的世界經濟論壇就徹底討論過，過去ESG的評價項目根本沒有減少塑膠這項，當海洋塑膠問題突然變成全球關心的大事，企業也不得不跟進，但推動速度根本趕不上大家關注的程度。

那麼，還有哪些可能被擴大討論的社會議題是企業要及早做準備、做為未來面對ESG

的課題呢？

以二〇一八年到二〇一九年來說是**氣候變遷**。到了現在，氣候變遷已經是全球矚目的大議題，雖然目前只有少數的大企業能參加測量溫室氣體排出量的氣候相關財務揭露，以及與**RE 100**等氣候變遷相關倡議並擬定對策，不過近期的未來，無論企業規模大小都必須關心氣候變遷的問題。

其他重要的ESG還有本章要介紹的經濟與人權、多元性與性別平等，當然還有二〇二〇年全球關心的**新冠肺炎傳染病**（COVID-19）。以日本來說，比起內容容易掌握的環境、氣候變遷（E），以及只要遵守法規就能應付的治理（G）相比，我們對於社會（S）課題的應對起步較慢。

經濟與人權

關於經濟與人權我會在第六章詳述，這裡只做簡單地介紹，這是ESG中最受矚目的主題。企業在經營事業時，不是只有從製造、販售、對顧客提供服務等直接的活動，包括原料的生產、採購、宣傳、廢棄與區域社會的關係等一長串的供應鏈中，也開始被要求評估過程中是否尊重人權，這含蓋認識並降低侵害人權的風險、發生侵害人權時的救濟措施等。經濟與人權這個主題會與ESG結合，是因為人權風險往往與企業事業活動的內在風險密切相關。

多元性與性別平等

關於多元性與性別平等會在第七章詳述，與ESG相關的部分包括現在企業正積極推動的多元共融（Diversity and Inclusion，D&I）還有性別平等、女性賦權，現在普遍認為這些作為可以提高企業競爭力，因此重視度也日益增加。許多企業開始自覺尊重多樣性的必要性，在公司治理規章和ESG評價項目中，已經理所當然地加入多元共融要素。對企業來說，多元共融或性別平等是與氣候變遷同等重要，關係到企業未來存亡的課題。企業推動多元共融不光是為了提升ESG評價，更是多元性可以打造出讓組織變強、更容易創新的環境，深深影響企業掌握商機與提升長期企業價值的能力，所以企業絕對無可迴避。

新冠肺炎與後新冠疫情的ESG

現在最受矚目的話題，是因新冠病毒大流行而受影響的企業該怎麼做才是負責任的行為。隨著感染擴大、生產線停擺、出入辦公室受到限制，企業除了承受營業額大減的衝擊，經營階層還要優先確保員工的勞動條件與租金支出能否在考量員工、顧客、消費者的安心和安全的條件下，提供有彈性的工作方式，還有盡量對供應鏈和客戶產生最小的負面影響。這時候，企業面臨的不光是追求利益的問題，還包括有沒有盡到社會責任。二〇二〇年初，大家最關心的ESG議題**從環境（E）轉變成社會（S）**。

可想而知，大多數的企業會先停止過去努力投入的ESG活動，保存能量用在經常性的事業活動中。另一方面，不光是企業，投資方的投資行動也會改變，在全世界都身陷困難的情況下，有可能導致經濟嚴重停滯的重大事件，投資人要追求的可能不再是短期的報酬，而是會從長期且全球性的角度來投資，期望早日為經濟與市場帶來穩定。在這種狀況下，企業減少配息與以庫藏股來維持財務穩定的方式，可以獲得部分機構投資人的諒解。同時在企業方，組織的管理體制和董事的報酬都有必要重新檢視。過去奉為圭臬的股東資本主義已經開始出現鬆脫，未來的主流可能會朝向SDGs／ESG時代利害關係人資本主義演變，現在的新冠肺炎剛好加速此一進程。

當然，對於環境的保護也不能疏忽。關於後新冠疫情時代的復甦，最常聽到的關鍵字就是「綠色復甦」（green recovery）。綠色復甦的想法是，如果大家光重視因新冠肺炎危機停滯的經濟、社會，忽略了過去對於永續性等環境策略所做的努力，後果令人堪憂，因此經濟與社會的復甦必須在考量氣候變遷、守護生態系的狀況下同時並進。而且沒想到的是，疫情減少了經濟活動與人們國內外移動，使得CO_2與廢棄物的排放量降低，空氣污染獲得大幅度改善。但同時也有擔憂的部分，像是塑膠等資源回收停滯等，許多環境對策都因此延後，所以人們才會開始呼籲，國家或區域要提出對策讓我們在守護環境的同時打造永續的經濟。

過去在歐洲，最常被提到的問題就是如何兼顧經濟發展與環境問題。歐洲理事會（EU）在二〇一九年底提出《歐洲綠色政綱》（*European Green Deal*）做為最優先政策[21]。該政綱提到，二〇五〇年以前歐洲境內要達到溫室氣體零排放，在有效利用資源的同時打造更有競爭力的經濟體系。以此協議基礎，二〇二〇年五月歐洲理事會又提出新冠肺炎危機的復興計畫草案，從二〇二一年到二〇二七年總計一．一兆歐元的多年預算與創設七千五百億歐元的「下世代歐盟」（Next Generation EU）復興基金。七月中在歐盟高峰會中通過這項計畫案。

有人認為新冠肺炎等新型傳染病的背後，其實和環境破壞、生態系破壞、地球暖化等有關。地球花了數十億年形成的環境，縱觀歷史來看，人類短短一瞬間就把地球破壞汙染到這個程度，其後果就是目前疫情尚未出現曙光，之後還可能出現的新型傳染病，我們應該從中獲得教訓，進一步改善地球環境。至於改善的有效指標之一就是ＥＳＧ。在生活型態和工作方式，甚至是價值觀都面臨大幅改變的現在，正好是我們用更長期的視角，思考價值創造的絕佳時機。

ESG與企業價值

前面我們已經提過ＥＳＧ投資與企業對推動ＥＳＧ所做的努力。無論如何，企業最關心的事情就是推動ＥＳＧ，以及自家的企業價值（特別是上市企業的股價）會不會提升。很遺憾，關於這點目前尚未有定量方程式來證明二者的相關性。

日本政府年金投資基金在二〇二〇年八月發布的二〇一九年度ＥＳＧ活動報告[22]中指出，從二〇一七年度到二〇一九年度的三年間，所有被選中的五種ＥＳＧ指數表現皆高於市場平均（表4-4）。只是這三年的短期結果對於關注長期價值提升的ＥＳＧ來說，還需要更長時間的追蹤、記錄才能驗證。

另一方面有調查研究顯示，投資日本股市的投資信託對ＥＳＧ評價的高低程度與報酬有

表4-4 日本政府年金投資基金選定的5種ESG指數的收益率
（2017年4月到2020年3月）（換算成年率後）

國內股票

	指數收益率			超額收益率	
	該指數	母指數	TOPIX	母指數	TOPIX
MSCI日本ESG 精選領導者指數	2.24%	0.09%	-0.14%	2.15%	2.38%
MSCI日本賦權女性指數	1.99%	0.17%	-0.14%	1.82%	2.13%
富時花開日本指數	0.15%	0.08%	-0.14%	0.07%	0.29%
S&P/JPX碳效率指數	0.10%	-0.14%	-0.14%	0.24%	0.24%

外國股票

	指數收益率			超額收益率	
	該指數	母指數	MSCI ACWI 日本除外	母指數	MSCI ACWI 日本除外
全球日本除外碳效率指數（S&P Global Ex-Japan Large Mid Carbon）	1.28%	1.13%	0.92%	0.15%	0.36%

出處：根據日本政府年金投資基金「2019年度ESG活動報告」製作

密切關係。根據QUICK資產運用研究所的調查[23]，以投資信託所發行的二百七十支基金為對象，以結算日的ESG評分為基準做分組，然後算出每組過去五年、十年的平均報酬率，結果顯示雖然各組在E、S、G各要素的相關性沒有一致的結果，但整體來說ESG評分愈高，平均報酬率有逐漸改善的傾向。牛津大學的史密斯企業與環境學院於二〇二〇年六月發表的論文中做出一項結論，企業的ESG表現上升，對於該企業母公司所在國的每人GDP成長有所貢獻。換句話說，ESG對於總體經濟也有影響[24]。

這樣的調查可能需要更長期的研究結果才可以更精準判斷，但可以肯定的是，對於中長期的事業，企業若能不只考慮自身的利益還考慮到利害關係人的利益，絕對有提升企業價值的潛力。

所有企業都要懂ESG

本章主要從股票投資的觀點來描述ESG，但ESG債券或地方金融的ESG融資也愈趨重要。連結對環境友善計畫的綠色債券，以及做為與各種ESG相關事業的融資ESG債、永續債等各種債券不斷發行，市場規模急速擴大。再加上為了新冠肺炎所發行的相關債券，發行規模在二〇二〇年六月已經達到十三兆日圓。ESG金融的範圍不光涵蓋企業，甚至拓展到國家、地方政府、國際機構等各種組織，想必未來只會繼續拓展下去吧。

ESG很容易被誤認為是只有上市公司和大組織才要思考的事，但企業價值不光從股價或債券評等來評估，也可以從更廣闊的視角，像是基於與利害關係人的關係做為評估要素。

圖4-10 企業應對ESG最重要的是長期投入

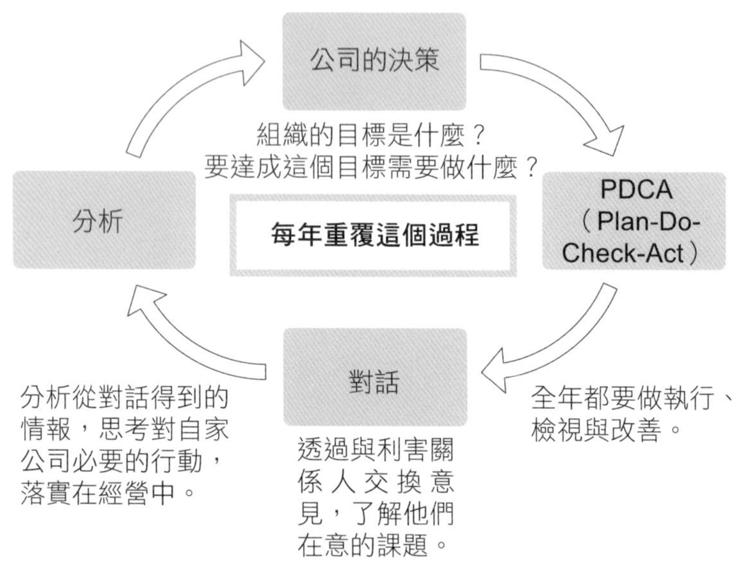

無論企業規模大小，經營型態為何，未來大家在選擇客戶或求職的時候，看的應該是那家企業未來數十年、百年後是否還能持續經營。所謂的考量到ESG的經營或事業活動（圖4-10），應該以長期的願景與目的做出決策，接著執行、檢視這些決策，然後通過與利害關係人的對話，了解他們在意的議題，經過分析、處理做出回應，並連結到下一次的決策，產生一連串的循環。能讓所有企業意識到上述的循環，就是所謂的ESG投資與ESG經營的思考方式。

參考文獻：

1. 全球可持續投資聯盟二〇一八年會發表ＥＳＧ投資統計報告http://www.gsi-alliance.org/trends-report-2018/
2. 關於責任投資原則參考網站https://www.unpri.org/about-the-pri
3. 聯合國全球盟約組織公開報告書〈有心者勝〉https://www.unepfi.org/fileadmin/events/2004/stocks/who_cares_wins_global_compact_2004.pdf
4. 聯合國新聞中心（UNIC新聞稿）「聯合國全球盟約組織　投資公司在ＧＣ高峰會支持從社會、環境面評價企業實績」（二〇〇四年七月八日）https://www.unic.or.jp/news_press/features_backgrounders/1019
5. 三重底線是指，過去企業只注重財報最後一行記載的損益最終結果，但現在的思考方式應該改為，企業的價值不應只透過財務表現評價，還要加入環境、社會的要素，從三個層面來評價。
6. 金融倡議組織（UNEP FI）是聯合國環境規畫署與世界金融中心特有的夥伴關係，與超過二百家簽署「永續發展」宣言的金融機構協力，是一間促進永續性與財務表現關係性發展的機構。
7. 富而德二〇〇五年十月報告「將環境、社會和治理問題納入機構投資的法律架構中（*A Legal Framework for the Integration of Environmental, Social and Governance Issues into Institutional Investment*）」chrome-extension://efaidnbmnnnibpcajpcglclefindmkaj/viewer.html?pdfurl=https%3A%2F%2Fwww.unepfi.org%2Ffileadmin%2Fdocuments%2Ffreshfields_legal_resp_20051123.pdf&clen=1022512&chunk=true
8. 聯合國全球盟約組織、責任投資原則、聯合國環境規畫署之金融倡議組織共同在二〇一五年九月的公開報告書「二十一世紀的受託人責人」（*Fiduciary Duty in the 21st Century*）chrome-extension://efaidnbmnnnibpcajpcglclefindmkaj/viewer.html?pdfurl=https%3A%2F%2Fwww.unepfi.org%2Fwordpress%2Fwp-content%2Fuploads%2F2019%2F10%2FFiduciary-duty-21st-century-final-report.pdf&clen=10276080&chunk=true
9. 日興資產管理「日興生態基金」https://www.nikkoam.com/products/detail/252263
10. SOMPO資產管理「Sompo Japan Green Open基金」https://www.sompo-am.co.jp/fund/0878
11. 環境省二〇一七年六月「社會責任投資基金以及環境友善企業的股價動向調查報告書」https://www.env.go.jp/policy/kinyu/rep_h1706.pdf
12. 經濟產業省二〇一四年八月「伊藤報告——邁向永續成長的競爭力與誘因~建構企業與投資人的理想關係~」最終報告書https://www.meti.go.jp/policy/economy/keiei_innovation/kigyoukaikei/pdf/itoreport.pdf

13. 在二〇一七年的「伊藤報告二．〇邁向永續成長的長期投資（ESG．無形資產投資研究會報告書）」
14. 日本政府年金投資基金「二〇一九年業務概況」https://www.gpif.go.jp/operation/annual_report_2019_q4__jp.pdf
15. 責任投資原則二〇一九年八月討論報告「被動投資者如何成為負責任的投資者？（How Can a Passive Investor Be a Responsible Investor?）」https://www.unpri.org/download?ac=6729
16. 貝萊德集團安碩的網站〈ESG指數的演變〉(*An evolution in ESG indexing*）https://www.ishares.com/us/literature/whitepaper/an-evolution-in-esg-indexing.pdf
17. SustainAbility調查公司二〇二〇年所做的「Rate the Raters」評比報告https://sustainability.com/wp-content/uploads/2020/03/sustainability-ratetheraters2020-report.pdf
18. 大型諮詢公司Institutional Shareholder Services二〇二〇年發行ESG評價https://www.issgovernance.com/iss-ESG-launches-new-sdg-impact-rating/
19. 日本政府年金投資基金「二〇一九年業務概況」https://www.gpif.go.jp/operation/annual_2019_kaiken_shiryou_jp.pdf
20. Disclosure I & IR Research Institute〈整合狀況調查二〇一九年最終報告〉整合報告https://rid.takara-printing.jp/res/report/uploads/2020/02/200226_report.pdf
21. 歐洲理事會於二〇一九年底提出《歐洲綠色政綱》https://ec.europa.eu/info/strategy/priorities-2019-2024/european-green-deal_en
22. 日本政府年金投資基金「二〇一九年ESG活動報告」https://www.gpif.go.jp/investment/GPIF_ESGReport_FY2019_J.pdf
23. 「用日本股權投資信託驗證ESG評價與投資業績之間的關係」日經經濟新聞二〇二〇年六月二十四日
24. 牛津大學史密斯企業與環境學院的金融永續課程（Sustainable Finance Programme）於二〇二〇年六月發表的論文N.20-30〈公司實踐ESG對總體經濟表現的影響〉（*The Effect of Firm-level ESG Practices on Macroeconomic Performance*）https://www.smithschool.ox.ac.uk/publications/wpapers/workingpaper20-30.pdf

珊瑚的白化現象，被認為與暖化的高水溫有關
（照片是在宮古島拍攝到的白化現象）
照片:古見きゅう/aflo

第5章

從SDGs的角度思考氣候變遷

氣候變遷——人類史上突發的緊急課題

人類物種特有的人口過剩現象

開頭先介紹一個有趣的數字。

現在這一刻，推估有七十五億到八十億的人類活在地球上。那麼，從人類出現到現在，地球上曾經存活過多少人類，大家想像得到嗎？關於這個答案有很多說法，根據美國非營利統計機構「人口資料局」（Population Reference Bureau）的推算是超過一千億人❶。假設這是事實，代表了人類歷史上的一千億人中，有七十五億、超過七％的人類活在這一刻。

人類為地球上繁盛的物種，數量增加的方式非常奇特。如圖5-1顯示，從西元紀年開始世界人口一直呈現緩慢增長，到了十八世紀的工業革命突然出現爆發性成長，現在已經達到七十五億人❷。換句話說，人類在漫長的歷史中，僅花了二百年的時間，特別是近一百年，

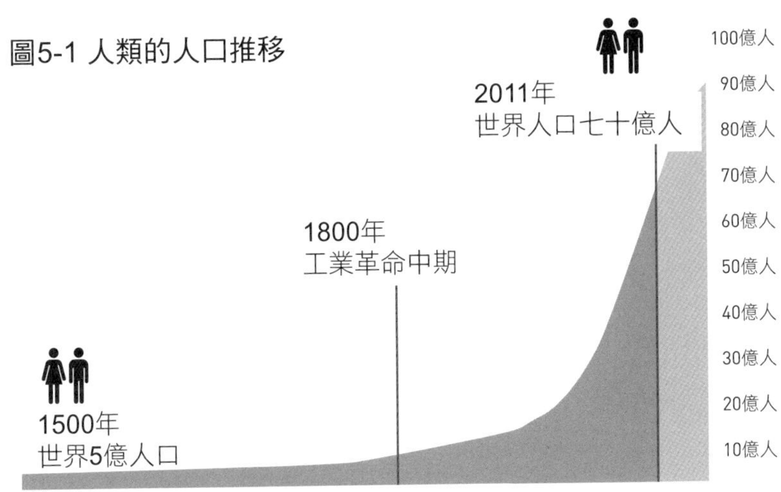

出處：Virginea 雜誌「Over Seven Billion Served」轉載自https://uvamagazine.org/articles/over_seven_billion_served，部分經編輯製作

出現了**人口爆發性成長**的異象。

二百年前地球的環境非常穩定，人類與地球共存是自然循環的一部分，而現今急速增加的人類正破壞這個穩定，傷害了地球。

舉一個更具體的例子可能你會更清楚了解。氣象廳根據聯合國的政府間氣候變化專門委員會（Intergovernmental Panel on Climate Change，IPCC）❸的第五次評價報告書（二〇一三年）分析❹，從一萬年前上次冰河期結束到工業革命之前，以人類為首的生物所製造的CO_2，每年約有九億噸流入大海。其中，變成堆積物沉澱到地底的有二億噸，再度釋放回大氣中的約有七億噸（圖5-2的灰色箭頭）。這一萬年來，地球的CO_2大體上如此維持穩定循環。

圖5-2 人為的CO_2循環

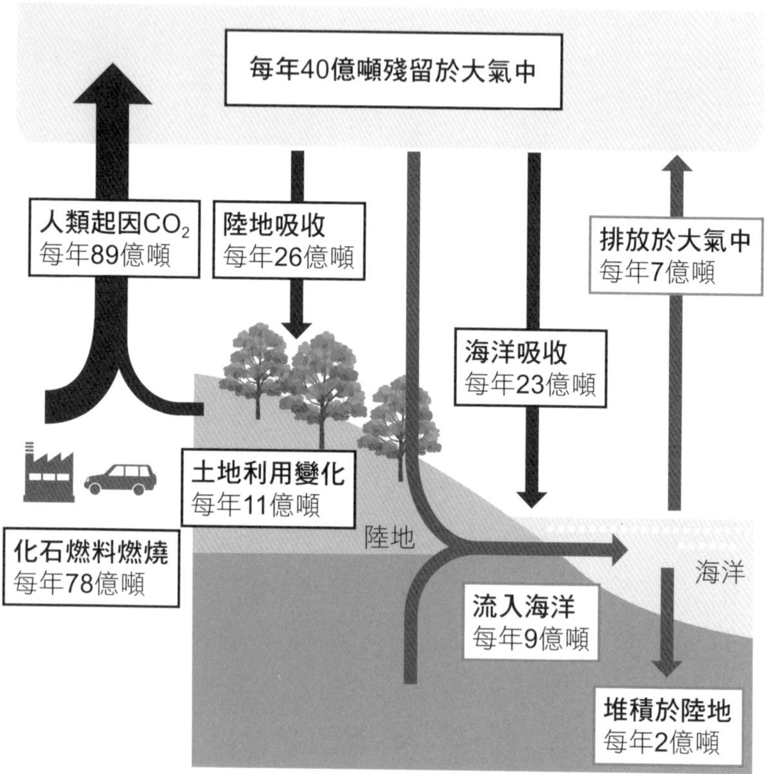

*各數值為換算成碳重量之後的結果，灰色箭頭以及數值表示工業革命前的狀態，黑色箭頭及數值表示隨著產業活動變化產生的量。數值為2000年到2009年的年平均值。
出處：轉載自氣象廳根據IPCC（2013）資料製作的「海洋的碳循環」

工業革命以後 CO_2 增加過量

自工業革命以來，除了之前排放的九億噸之外，加上化石燃料的燃燒、製造水泥所排放的 CO_2 共計七十八億噸，以及農地擴大等土地利用（森林破壞）所排放的 CO_2 約十一頓，也就是說，**每年因人為作用的 CO_2 排放量就高達八十九億公噸**（這是二〇〇〇年到二〇〇九年的年平均值）。比工業革命之前多增加的八十九億噸之中，有二十六億噸由森林和土壤吸收、二十三億噸由海洋吸收。

換句話說，就算加上森林的光合作用和海洋生物活動，把自然界的淨化能力發揮最大限度，還是有相當多的 CO_2 殘留在於大氣之中。和工業革命以後相比，二〇〇〇年到二〇〇九年 CO_2 平均每年增加了四十億噸，但到了二〇一一年，人為排放的 CO_2 總計累積上升到了二千四百億噸。大氣中的 CO_2 濃度增加，溫室效應就會增強，地球的平均氣溫也隨之上升。另一方面，海洋吸收了大量 CO_2，氫離子濃度（PH）會降低，使大海持續氧化。

為什麼氣溫上升二度會造成毀滅性的影響

現在大家對於氣候變遷的處理都有共識，目標將地球平均上升溫度壓在「二度」或

「一．五度」以內。這是根據《巴黎協議》做出的結論，**因為專家認為地球的平均氣溫若上升二度以上，地球將遭受「毀滅性」的影響**。為什麼會這樣說呢？相信有人聽到這個結論會認為，溫度上升個二度只是變得稍微溫暖一點，應該不會怎麼樣吧。

其中最常見的理由在於海平面上升的風險。當氣溫上升二度，格陵蘭或南極的冰川會融化導致海水上升，海拔較低的島國很可能會被海水淹沒，這個問題因此受到重視。還有，有些專家擔心當地球暖化加劇，強颱和颶風的出現數量會增加，只是其中理由仍欠缺說服力。確實如此，若上述情況真的發生了，許多人類將遭受巨大損害，甚至被迫遷到其他地方生活，但這些還稱不上是種族性的滅絕。

會造成毀滅性影響的，其實是下面這個原因。

「平均氣溫上升二度，植物將滅絕，生態系被破壞」。例如，根據政府間氣候變化專門委員會的調查，平均氣溫上升二度，地球上九九%的珊瑚礁都會滅絕。珊瑚礁是三分之一海洋生物的生存基礎❺，珊瑚礁一旦毀滅，這些生物將失去生存環境。換句話說，只要上升二度就會對海洋生態系帶來毀滅性的影響。陸地也是一樣，尤其是植物不像動物會遷徙，無法適應暖化帶來的衝擊。有些植物會跟珊瑚礁一樣逐漸受到暖化影響而滅絕。以日本來說，涼溫帶的代表樹木山毛櫸恐怕會因暖化而大幅減少。當然，仰賴這些樹木生存的生物可能也會

圖 5-3 氣溫上升2度對地球的影響

平均氣溫上升2度

海平面上升	失去國土的島嶼國家	人類必須遷移
一定強度以上的颱風出現數量增加	災害受害程度加劇	人類必須遷移
99%的珊瑚礁滅絕	海洋1/3的生態系失去生存環境	對海洋生態系造成毀滅性的影響
無法適應的植物滅絕	吃該種植物的生物滅絕	對陸地生態系造成毀滅性的影響

受到威脅。反過來說，暖溫帶的樹林擴大，也會影響陸地的生態系（圖5-3）。

換句話說，珊瑚礁或植物這些不會移動的生物受到暖化的影響最大。當平均氣溫上升二度，陸地上和海洋中那些不會移動的生物受到影響的時間將長達幾十個世代。這就是帶來毀滅性影響最重要的理由。政府間氣候變化專門委員會的報告書中也提到，最重要的問題是，當陸地與海洋的生態系遭到破壞之後，人生將無法在這樣的環境中生存❻。

SDGs認定「應採取緊急對策」的氣候變遷議題

氣候變遷和暖化的問題揭示於SDGs的目

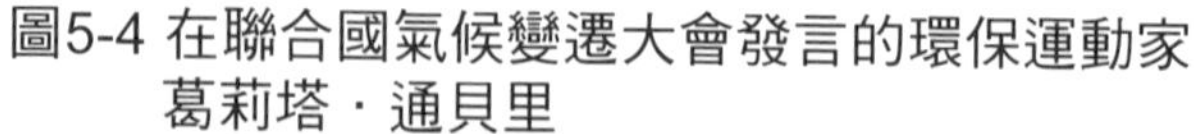
圖5-4 在聯合國氣候變遷大會發言的環保運動家葛莉塔·通貝里

照片：Science Photo Library／非洲

標十三，「面對氣候變遷以及其帶來的影響應採取緊急對策」。既然要採取「緊急對策」，表示氣候變遷並非長期性課題，而是影響已經逐漸顯現，必須立刻採取行動。還有目標七「經濟適用的清潔能源」雖然沒有直接提及這項議題，但有提到能源的使用必須更有效率，底下幾項指標像是減少溫室氣體產生等都與氣候變遷議題有關。

我們對於氣候變遷所做的努力，其實在SDGs通過之前老早就開始進行了。一九九四年三月生效的《**聯合國氣候變遷綱要公約**》（*Convention Cadre des Nations Unies sur les Changements Climatiques*，CCNUCC），是以穩定大氣中溫室氣體濃度為終極目標，為防止地球暖化帶來不良影響而制定的國際性綱要公約。根據這個公約，從一九九五年到二〇一九年為止，每年都要召開**聯合國氣候變遷大會**（United Nations Climate Change conference，COP）共二十五次。一九九七年的第三次會議通過《**京都議定書**》，依照國別規定先進國家的溫室氣體刪減率。至於後面會詳述的《**巴黎協定**》則是在通過SDGs的二〇一五年召開的第二十一次會議中達成的協議。二〇一九年在馬德里召開的第二十五次會議，十五歲瑞典出身的環保運動家葛莉塔・通貝里（Greta Thunberg）搭帆船橫渡大西洋來參加，一時之間成為話題。

解決課題的動向與《巴黎協定》

思考造成氣溫上升「二度以上」的因素

氣候變遷是地球和人類的重大課題，也因為這個不斷擴大的世界危機，終於在二〇一五年的第二十一次氣候變遷大會通過《巴黎協定》，揭示全世界共通的長期目標。

巴黎協定的長期目標

①致力將世界平均氣溫的上升溫度遏止在低於工業革命之前的二度，並努力控制在一．五度以內。

②為了達到這個目標，要盡快讓世界溫室氣體排放量渡過高峰期，並在二十一世紀後半，讓溫室氣體排放量與（透過森林等）吸收量達到平衡。

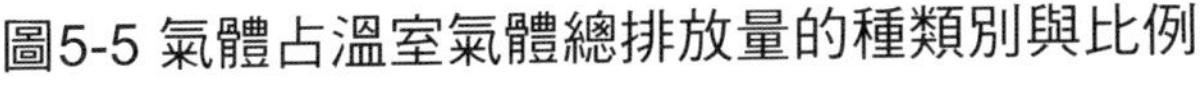
圖5-5 氣體占溫室氣體總排放量的種類別與比例

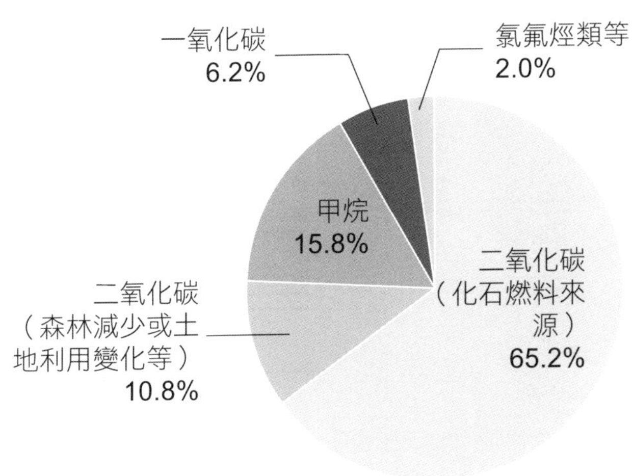

出處：參考氣象廳「溫室效應氣體的種類」並製圖
（https://www.data.jma.go.jp/cpdinfo/chishiki_ondanka/p04.html）

這份協定由日本政府和當時歐巴馬執政的美國，在全世界約二百多個國家的同意之下通過（之後執政的川普政權表明將退出《巴黎協定》）。自《京都議定書》成立以來，一直期盼的目標終於達成：包含發展中國家的所有參與國都提出減少排放量的目標並努力達成。從現狀來看，這是史上最劃時代、最具體的目標宣示。

接著，來看讓平均氣溫上升二度的具體因素吧。首先來看看溫室氣體發生的細部原因（圖5-5），最大的排放來源是為了發電使用化石燃料而產生的 CO_2 ❼。

換句話說，檢討如何降低使用煤炭、石油、液化天然氣（Liquefied Natural Gas）等化石燃料發電所排放的 CO_2，就是減少溫室氣體排放最根本的解決策略。

題外話，畜牧業的牛隻打嗝和放屁也是暖化的主要因素之一。據說一頭牛在消化的過程中，每天要排放三百二十公升的甲烷。按此計算，前面提到甲烷占溫室氣體排放量一五．八％，光畜牧業的牛隻排放甲烷量就占了四分之一。因此，有人開始呼籲「不要吃肉」「製造合成肉、停止飼養牛隻」，雖說這種潮流不能解決根本問題，但確實能解決部分問題。

如何降低發電用的化石燃料

火力或核能同樣都是使用燃料發電，二者製造電力的原理其實沒什麼不同。如圖 5-6 所示❽，發電時①使用化石燃料或核能、②煮沸水、③用蒸氣推動渦輪。有些人可能以為核能發電是使原子核產生核分裂後，直接收集從中跑出來的能源來做為電力使用。但其實不然，核能發電還是得使用原子核分裂時產生的熱能來煮沸水，然後推動渦輪。

簡單來說，有問題的地方在於「**用什麼燃料來煮沸水**」。

如前述，用來發電的燃料占比最多的是煤炭、石油、液化天然氣，每一種的特性都不同。近年來，機構投資人開始撤資在事業活動中使用煤炭的企業，而且愈來愈多國家或地區

圖5-6 發電的流程

發電的流程都一樣

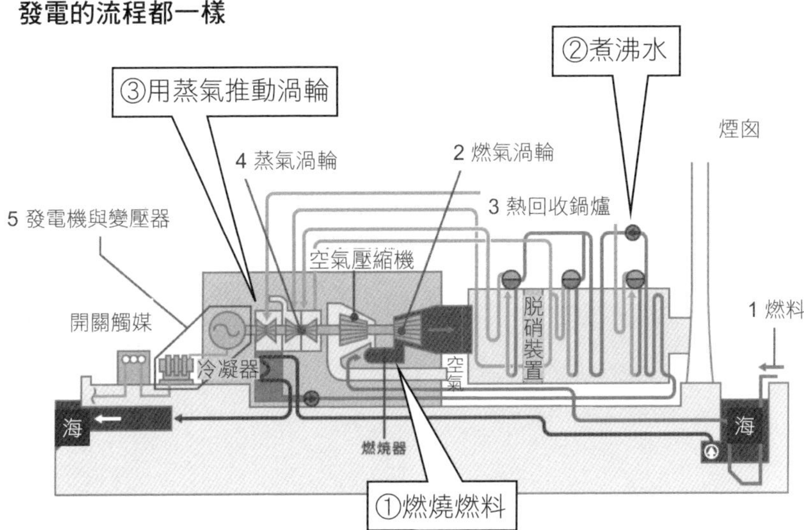

→問題在於「源頭的燃料是什麼？」

出處：根據東京電力「一般火力發電的構造（ACC發電）」部分編輯後製成

開始推動脫媒政策。但為什麼只有煤炭是眾矢之的？原因在於，用煤炭火力發電比石油多出一．五倍、比液化天然氣多二．五倍的CO_2排放量，發電效率（燃料完全燃燒時產生的熱量，與實際能轉換成電力的熱量換算）也比較差。現狀來看，煤炭的發電效率約只有四○%，但液化天然氣超過五五%。此外，從發電成本來評估，煤炭只比液化天然氣便宜一些，燃料費的缺點也是受到批判的因素之一。

「脫煤」的口號雖然喊得震天價響，但綜觀世界，煤炭的需求仍呈現爆發性增長。全世界煤炭產能

圖5-7 1990年到2017年世界一次性能源變化

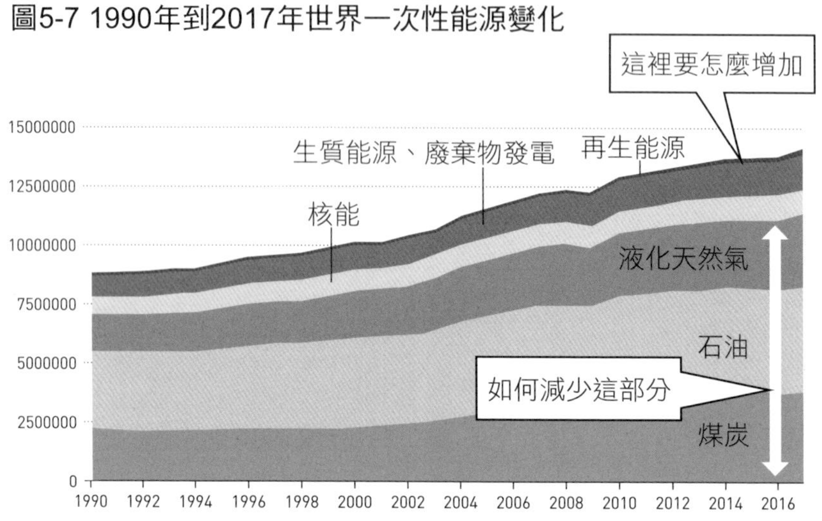

出處：根據國際能源署統計製圖

最大的國家是中國，緊接著是印度、美國、印尼[9]。但就算中國或印度不停開採煤礦，人口的增加使得燃料供給仍不足夠，趕不上國內需求必須靠進口來彌補缺口。

雖然先進國家一直致力於**再生能源**的轉型，但亞洲、非洲等發展中國家的煤炭需求仍不斷增長，估計到二〇三五年非經濟合作暨發展組織（Organisation for Economic Co-operation and Development，OECD）國家的能源需求中，化石燃料、特別是煤炭會呈現爆發性增長。根據國際能源署（International Energy Agency，IEA）的調查，全球整體的發電量、需求量將持續增加，其中煤炭、石油、液化天然氣等化石燃料的需求也會上升，以現狀來說，化石燃料占總發電量的八成。另外，再生能源只占整體非常少，未來如何增加使用再生能源是我們未來必須面對的困難功課（圖 5-7）❿。

將來，先進國家與發展中國家要如何邁向相同的目標、互相滿足需求是最重要的調整重點。二〇一八年在波蘭的卡托維舉辦的第二十四次氣候變遷大會中，大會通過《巴黎協定》的具體實施方針，要求先進國家轉移技術和資助發展中國家遏止溫室氣體排放等，未來先進國家與發展中國家要共同遵守刪減溫室氣體的規則。

為了解決氣候變遷問題，把發電來源從化石燃料轉換成再生能源是非常有效的解決策略，至於目前再生能源的進展我會在本章最後的專欄再介紹。

企業與資本市場的反應

先進企業應付氣候變遷的方式

企業如何透過事業來因應氣候變遷呢？其實歐美企業很早就開始做這件事了。GAFAM〔谷哥（Google）、亞馬遜（Amazon）、臉書（Facebook）、蘋果（Apple）、微軟（Microsoft）〕這些最先進企業的代表，或是第四章介紹的參加責任投資原則等倡議的企業都是很好的例子。

在責任投資原則誕生的二〇〇六年，谷歌開設自家公司持有的資料中心時就已經透過簽訂能源效率化、大規模再生能源的購買契約，致力於再生能源化的目標。蘋果在二〇一一年、谷歌在二〇一二年承諾未來營運事業將一〇〇%採用再生能源。緊接著亞馬遜在二〇一五年、臉書在二〇一八年都承諾一〇〇%使用再生能源。

谷歌、蘋果、臉書、微軟也參加了第三章介紹過的RE 100。其中，微軟在二〇一四年、谷歌在二〇一七年、蘋果在二〇一九年都達成一〇〇%使用再生能源的目標。這裡雖然只舉GAFAM為例，但其實眾多各領域的歐美企業都致力於再生能源化，大家的敏感度都很高。

另一方面，美國政府卻出現相反的動向。川普總統在二〇一七年六月一日以氣候變遷是謠言不必理會為由，表明要退出《巴黎協定》。但美國企業並不跟隨政府。當川普表明退出沒多久，美國經濟界大老一個接著一個出來批判這個決定，在退出宣言發表的四天之後，也就是六月五日，超過一千二百家企業、地方政府、投資人、教育機構等聯合發表聲明「We Are Still In」（我們要留在《巴黎協定》）。二〇二〇年八月，將近四千個組織也跟進「We Are Still In」，完全與川普政權立場背道而馳。

為什麼企業的反應如此迅速呢？因為比起引發氣候變遷對策的行動動機，或從道德上表明守護環境的立場，他們更希望在氣候變遷議題上盡快凝聚一定的規則，這是為了建構競爭優勢策略不可或缺的一環。

為何處理社會課題的進展如此快速？

為什麼先進企業的策略動向會以世界級的規模快速普及開來呢？其背景在於，對社會課

圖5-8 社會課題的評價過程

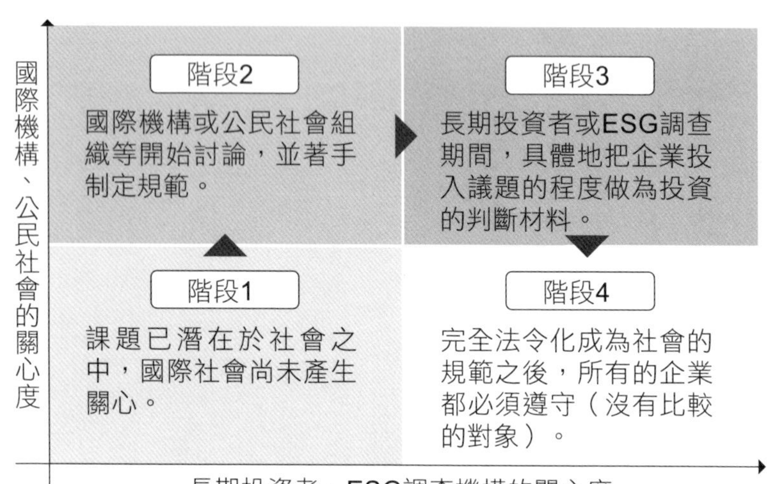

題有高度敏銳度的國際社會、非政府組織等公民社會提出的要求，以及在資本市場中，投資人為了滿足投資需求對企業致力於ESG而做出的評價有關。

針對這個過程，我再仔細地說明。圖5-8的縱軸是國際社會和公民社會的關心度，橫軸是關心企業中長期動向的長期投資機構投資人、ESG評價機構等的關心度，從他們對社會課題提出評價開始到滲透到一般大眾的過程可分成四個階段。

左下的階段一，社會課題已經潛在，但無論規模、範圍、嚴重度都尚未引起國際社會和公民社會的關心。階段二，非政府組織等機構注意到課題的嚴重度和影響度因而敲響警鐘，接著國際社會開始討論課題。緊接著長期投資者與ESG評價機構開始關心，把它納入投資判斷的材料或ESG指數項目中，此項社會課題開始獲得大眾關注往階段三邁進。為了處理這項課題，政府制定法令然後形成社會的規範。到了這個階段，公民社會對喚起大眾留意該課題並督促實施的任務告一段落，關心度開始降低。但長期投資者、ESG評價機構等，會持續關心投資和評價的材料，接著，這項課題來到右下角的階段四。

比如說，我在第六章會詳述工商企業與人權的相關課題（圖5-9），其中有許多正從階段二邁向階段三的過渡期。像是人權的盡職調查（due diligence）已經被納入ESG評價項目中，從這點來看似乎已經進入階段三，但申訴機制（grievance mechanism）只有部分先進企業才開始引進，看似又在階段二。還有人工智慧與人權的問題、個資保護等，我認為也是從階段二正邁入階段三的過渡期。

其他諸如有無女性董事、女性管理職的比例等女性賦權的部分，以及董事報酬的揭露等，這些都是ESG投資人非常關心的項目，屬於階段三。公司治理的法規層面已經逐漸完備，所以目前正從階段三邁進階段四。

除了上述的課題，還有一些是ESG投資人尚未關心，但非政府組織已有極高關注度的社會課題，像是塑膠問題、森林認證，還有後面專欄詳述的伺服器廢熱的問題，這些課題都

圖5-9 從評價過程來看社會課題的進展

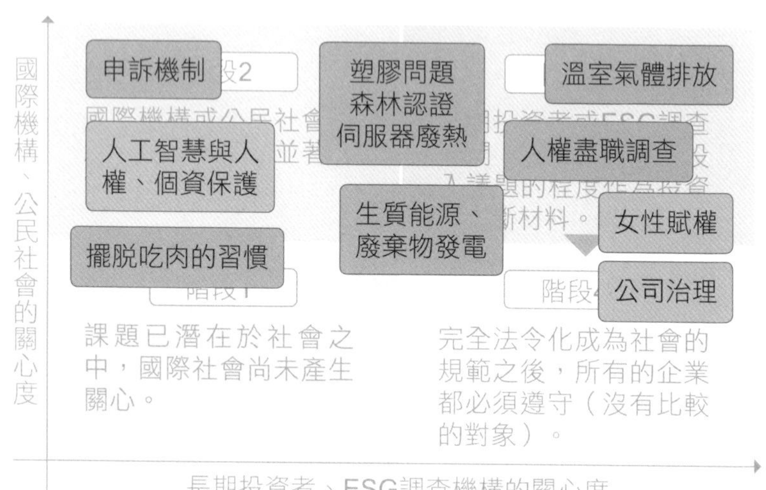

位於階段二跟三中間。至於前面在題外話中談到的畜牧業牛隻產生的甲烷問題，以及擺脫吃肉的習慣，目前還停留在階段一。

本章主要談的氣候變遷或溫室氣體排放的問題，則可以擺放在階段三。關於測量和規範溫室氣體排出量，國際機構和非政府組織提出很多主張，目前正在熱議的包括碳揭露計畫（Carbon Disclosure Project，CDP）[11]、RE 100、以及後面會談到的科學基礎減量目標（Science Based Targets，SBT）等倡議陸續成立，除此之外，國際計算基準溫室氣體也已制訂出來《溫室氣體盤查議定書》（*GHG Protocol*），被放進機構投資人的提問項目，並出現在許多評價機構的報告中，因此這項課題被擺放在圖的最右上角。

機構投資人從煤炭火力撤資的狀況

ESG投資人對於溫室氣體排放的關心程度愈來愈高，有機構投資人從煤炭事業和煤炭相關企業撤資的具體行動，或是保險公司停止接受這些企業申請保險和投融資。根據統計，投資機構或保險公司等已明確做出承諾將撤資使用煤炭的化石燃料事業，其撤資總額在二〇一四年只有五百二十億美元，但到了二〇一九年已經超過十一兆美元，呈現強勁的增長⑫。

以近期的例子來說，二〇一九年三月法國巴黎資產管理（BNP Paribas Asset Management）聲明從二〇二〇年起將強化煤炭撤資行動。另外，三菱日聯金融集團（Mitsubishi UFJ Financial Group）於二〇一九年五月發布相關訊息，成為日本第一家明文禁止新設燃煤火力發電廠融資的大型銀行。在這股浪潮中，日本的大企業相繼發表聲明將停止投資新設煤炭事業。時代的潮流迫使企業做出回應。另一方面，經濟產業省雖然也同意要減輕環境負荷，但仍持續重視燃煤火力發電。有非政府組織指出，即使大型銀行和相關企業表明要脫煤，但實際作為卻沒有大太進展。也就是說，以日本脫煤的現況在實務層面並未有實質進度。

劃時代的架構：「氣候相關財務揭露專案小組」

在外界促使企業揭露推動氣候變遷問題的資訊同時，全球性的整合趨勢也開始出現了，其中最具代表性的就是**氣候相關財務揭露專案小組**（Task Force on Climate-related Financial Disclosures，TCFD）。

圖5-10 冀望在第二十一次氣候變遷大會通過暖化對策的麥克・彭博

照片：路透社／Aflo

氣候相關財務揭露專案小組是由各國的金融相關政府部門以及中央銀行接受二十國集團（俗稱G20）的請求，派代表成立的金融穩定委員會（Financial Stability Board，FSB），民間主導的倡議在二〇一五年成立，由創業家也是前紐約市長、華爾街的意見領袖麥克・彭博（Michael Bloomberg）擔任委員長。在氣候相關財務揭露專案小組於二〇一七年六月公開發表的最終報告書中，建議企業應揭露與氣候變遷相關的風險與機會資訊。關於未來氣候變遷的動向有幾種可能的情境，各家企業必須根據每一種情境評估將受到多少損失，或反過來能掌握多少商機做好預測。

氣候相關財務揭露專案小組把氣候變遷這種非財務資訊轉換成財務資訊，對於認同的企業與其利害關係人而言，非常容易套用在自身的情境中，這一種劃時代的做法。具體來說，企業必須檢討下列氣候變遷的項目並公開檢討內容。

氣候相關財務揭露專案小組要求企業做出的回應

- **公司治理**：用何種體制檢討並反映在企業經營上？
- **策略**：會對企業短、中、長期經營帶來什麼樣的影響？
- **風險管理**：關於氣候變遷的風險如何選定、評估並降低？
- **指標和目標**：關於風險與機會的評估要用何種指標判斷，以及如何評估目標進度？[13]

氣候相關財務揭露專案小組強調的重點不是「情境是否正確」。有人會問：「談氣候變遷，不是應該根據氣溫在某個時間點會上升二度的假設下談論的嗎？」影響氣候變遷的外在因素很多，像這樣的問題很難預測，沒有人可以明確預知未來在某個時間點氣溫會上升二度、一．五度，甚至更低。企業要做的不是預測平均氣溫，而是針對預想得到的各種情境，想像自家公司在這些狀況下能做些什麼，檢討應對策略。氣候相關財務揭露專案小組的意圖在於，讓所有贊同的企業想像各種關於氣候變遷的可能情境，藉此強化應對能力。

比起世界經濟的好壞，永續發展更重要，因此有必要減緩氣候變遷。隨著氣候變遷的影響愈明顯，各主體也更該思考如何因應。氣候相關財務揭露專案小組正好是提高經濟、社會以及各主體韌性的重要架構和平台。

氣候相關財務揭露專案小組的情境分析

氣候相關財務揭露專案小組在策略指示中要求，各家公司必須做情境分析。所謂的情境分析是指，「針對不確定狀況中可行性高的各種情況，識別其潛在意義並做評估的過程」，而且「情境只是假設的模型，目的不是提供詳細的結果與預測」。

就現狀來看，實際進展到「情境分析」的日本企業寥寥可數。在二〇一八年成為日本首家對氣候相關財務揭露專案小組表明贊同的食品公司麒麟控股（Kirin），就是這些少數之

圖5-11 麒麟控股的情境分析

輻射效應	氣溫上升幅度	對應的RCP情境	社會經濟情境			氣候變遷對麒麟集團主要農作物的衝擊
			SSP1 永續發展	SSP2 中庸	SSP3 不理想的世界	
8.5	4.3°C (3.2~5.4°C)	RCP8.5		**集團情境3** ・進口成本大 ・低價格產品、健康產品需求大 ・農業衝擊大 ・水資源風險大 ・夏季飲料消費增加		大麥：冬麥收成量減少10%以上、春麥收成量減少20%以上 玉米：收成量減少20%以上 稻米：日本全國性品質下降 茶葉：收成量減少40%以上 啤酒花、紅酒用葡萄：收成量大幅減少、栽培適地移動、區域性滅絕 生乳：酷熱壓力導致收乳量大減、成本大幅增加
7						
6	2.8°C (2.0~3.7°C)	RCP6.0				大麥：冬麥收成量減少10%以上、春麥收成量減少20%以上 玉米：收成量減少20% 稻米：日本全國性品質下降 茶葉：標高600m以下收成量減少 啤酒花、紅酒用葡萄：收成量減少、栽培適地移動、區域性滅絕 生乳：酷熱壓力導致收乳量減少、成本增加
4.5	2.4°C (1.7~3.2°C)	RCP4.5	**集團情境2** ・階級分化大的社會 ・市場擴大幅度平緩 ・對區域性、個別作物的農業衝擊大 ・區域性的水資源風險大 ・採購在寒冷氣候種植的作物的成本增加			
3.7						
2.6	1.6°C (0.9~2.3°C)	RCP2.6 =2℃情境	**集團情境1** ・適應國際協調下的管制，遏止物理性風險發生 ・再生能源的普及 ・強化農業溫室氣體規範 ・人權、健康、永續導向 ・減少食物浪費			大麥：冬麥收成量減少5%以內、春麥收成量減少10%以上 玉米：收成量減少20% 稻米：日本全國性品質下降 茶葉、啤酒花、紅酒用葡萄：區域性受到衝擊
SSP概要			人口：低 所得：高 能源技術：高 規範：強 全球化經濟	人口：低 所得：高 能源技術：高 規範：強 全球化經濟	人口：高 所得：低 能源技術：低 規範：弱 反全球化主義	

*2081～2100年全世界的年平均陸地氣溫相對於1850～1900年（工業革命前）的年平均陸地氣溫的上升幅度

出處：麒麟控股「麒麟集團環境報告書2018」
（https://www.kirinholdings.co.jp/csv/report/env/2018env.html）

一。該公司於二〇一八年以後的環境報告書都依照氣候相關財務揭露專案小組的建議，公開情境分析的結果[14]（圖5-11）。根據二〇一八年的分析，在地球的平均氣溫上升四．三度、二．四度到二．八度、一．六度下，預測每種情境的社會樣貌，並分析影響農作物的收成量。這個情境想像的前提，建構在「社會經濟的穩定與遏止氣溫上升的達成率有連動關係」的假設下，根據該公司解釋，也可以把它想成「實現可能性很高」的狀況。

所謂的情性分析就是如此，先選擇對自家公司發生可能性很高的假設，「從故事腳本推算出定性的內容、定量的數值或模型，或是二者的組合」，重要的是，「關於未來的結果，必須涵蓋理想和不理想的情境，適當的多樣化，並從中選出一連串的情境（並非只有一種）」。

在日本，二〇一九年贊同氣候相關財務揭露專案小組的企業急速增加。其背景是因同年五月二十七日「氣候相關財務揭露專案小組聯合集團」（TCFD Consortium）成立了。這是包含由一橋大學研究所特聘教授伊藤邦雄（Kunio Ito）以及各經濟界領袖等五人發起的組織，希望贊同氣候相關財務揭露專案小組的企業與金融機構等可以團結起來設立一個討論的平台，讓企業可以公開有效資訊來做為金融機構等的投資判斷。以此為契機，贊同氣候相關財務揭露專案小組的日本企業大幅增加，直到二〇二〇年七月已經來到二百九十家了（圖5-12）[15]。未來可以預期會有愈來愈多企業贊同氣候相關財務揭露專案小組建議，定期做情境分析並對

圖5-12 贊同氣候相關財務揭露專案小組的企業

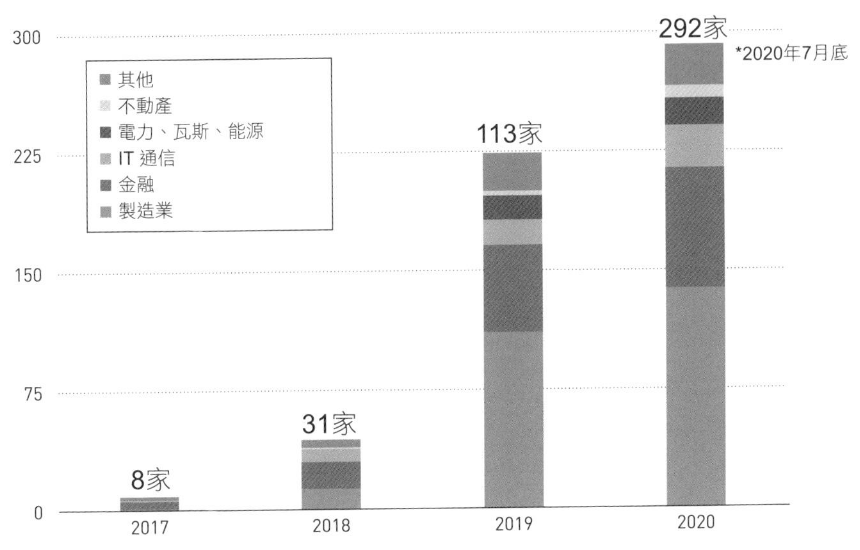

出處：根據氣候相關財務揭露專案小組官網資料製

外公開。對日本企業來說，說不定推動氣候相關財務揭露專案小組會變成未來的標準配備。

做為ESG調查公司的FTSE自二〇一九年十二月開始，將是否贊同氣候相關財務揭露專案小組納入提問項目之一，隨著利害關係人的關心日漸增加，特別是在上市企業之間，不難想像這種做法將成為主流。

其他的倡議

公開企業處理氣候變遷問題的資訊，以及督促金融市場永續發展的架構，氣候相關財務揭露專案小組期望未來能在全球各地發揮作用。但除了氣候變遷議題，還有幾個動向值得注意。

第三章詳述的RE 100是一個倡議，希望企業能在二〇五〇年以前將事業所使用的電力一〇〇%轉換成再生能源。

和氣候相關財務揭露專案小組一樣，成立於二〇一五年的科學基礎減量目標（Science Based Targets，SBT）、碳揭露計畫、聯合國全球盟約組織、世界資源研究所（World Resources Institute，WRI），以及世界自然基金會（World Wide Fund for Nature，WWF）共同發起的倡議，希望企業整合《巴黎協定》的溫室氣體排放量刪減目標，做出自家公司的決策。科學基礎減量目標的最大依據是「科學證據」，促使企業設定刪減目標。到了二〇二〇年七月現在，全世界已經有超過九百三十家企業承諾設定目標，日本也有一百家企業參加，大約有七十家獲得認可。[16]除此之外，科學基礎減量目標自二〇一九年十月十五日起決定嚴格限制溫度上升的標準，以不超過一．五度為基準，若是企業仍以過去二度為目標將不被認可為遵照世界標準的先進企業。

世界自然基金會日本分會從二〇一四年起，開始用同樣的標準來評估日本企業推動防止暖化的程度，並設立「企業暖化對策排行榜」，在二〇一九年八月根據不同業別分十次發表。評估的指標包括「長期願景」「節能目標」「再生能源目標」「產品整體生命週期的排

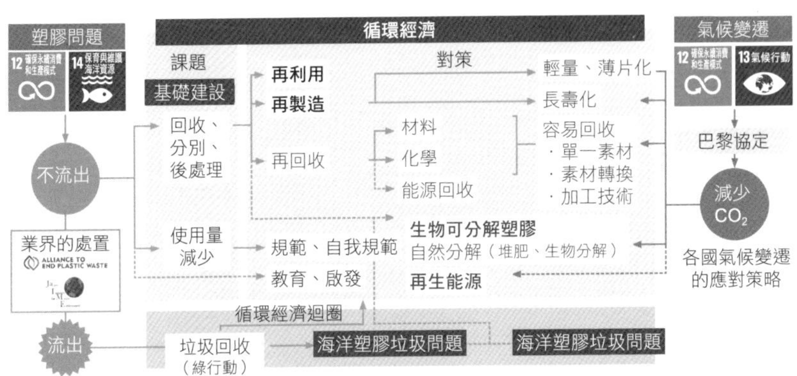

出處：三井化學股份有限公司「氣候變遷、塑膠問題」
（https://jp.mitsuichemicals.com/jp/sustainability/mci_sustainability/climate_change/）

放量掌握與宣示」等，一家企業如果追求科學基礎減量目標的標準，長期能夠達成年率的高目標、掌握產品生命週期設定目標、對於再生能源利用策略展現高親和度並獲得科學基礎減量目標認可，那麼企業排名就會在前面。其實，這些相關的項目也能在ESG評價中找到，一家公司若能承諾追求氣候相關財務揭露專案小組和科學基礎減量目標的設定目標，並有效實施相關措施，一定可以獲得包含投資人在內各方利害關係人較高的評價。

如上述，全球在處理氣候變遷的態度正大規模且快速改變，刪減溫室氣體排放量已經成為理所當然的共識，現在更進一步地要求事業整體都要努力因應氣候變遷帶來的變化。比如說，在世界自然基金會日本分會的排行榜上獲得很高評價的三井化學就是很好的案例（圖5-13）[17]。三井化學針使用石油當原料的塑膠製品，努力達成循環經濟的3R（再利用、再製造、再回收）目標，藉此減少CO_2的排放量。

氣候變遷的典範轉移

綜觀全球性氣候變遷對策的動向，最大規模的典範轉移時間點就在二〇一五年通過的SDGs決議以及《巴黎協定》。

SDGs與《巴黎協定》之前的世界，重點擺在企業對環境負荷造成的影響，比如說，每家企業或組織排放多少CO_2、對環境會帶來多少正面或負面的影響。當大眾愈能意識到SDGs、ESG以及永續的重要性，企業便不再只是在意計算企業活動會直接造成多少環境負荷這種表面指標，而是將企業或組織從事的事業，在社會層面、經濟層面占有多少優勢等都會納入評估的範圍。比如說，在氣候變遷的議題上，從事電力事業和塑膠製造的企業，比起其他企業有更大的優勢，所以在評價上應該更嚴格執行。也因為這樣的趨勢，才會催生出氣候相關財務揭露專案小組等新的架構，使氣候變遷和環境問題成為改變經濟、社會最大的原動力。

這個趨勢帶來一個結果，就是企業對於氣候變遷議題與環境對策許下承諾，不光是為了解決地球暖化和環境負荷的問題，同時也代表了自家企業存在的價值，也就是能給經濟、社會什麼樣的影響。換句話說，比起溫室氣體排放量的多少，企業更在意的是「組織是否有能力預測氣候變遷或對環境的影響」，這已歸於在公司治理的問題。

日本與世界的能源策略

世界的能源展望

關於氣候變遷的問題，以《巴黎協定》這份國際協議為起點，企業、金融機構、國家、地方政府、非政府組織、非營利組織等，開始找出自家組織的優勢來設定各種基準。

過去，國際協議必須落實成國家基準才能發揮效用。現在的話，企業、組織可以自行根據國際協議的標準來行動，象徵著全球化的全新動向。

但是，政府做為規則制定者（rulemaker）依然扮演重要角色。本章最後會把重點擺在日本政府的能源政策，看看這些政策制定是否充分反映了《巴黎協定》的要求。

首先我們來看世界的動向。《巴黎協定》通過後，許多國家正加速將使用能源轉換成再生能源。比如說，德國決定在二〇二二年以前廢除核能發電。法國也發表新的方針，希望在二〇三五年以前核能發電比重從現今的七五％縮減到五〇％。還有法國、英國、加拿大個別表明，在二〇二三年、二〇二五年、二〇三〇年廢除燃煤火力發電。另外，丹麥、西班牙，以及溫哥華、雪梨、舊金山等國際都市則承諾，在二〇五〇年以前要達成一〇〇％再生能源的目標（表 5-1）。

日本的能源展望

另一方面，來看日本能源政策的現況。二〇一七年的各能源別占比，煤炭占二五．一％、石油占三九％、天然氣占二三．四％，也就是說，近九成仰賴化石燃料發電[18]（圖 5-14）。如何改變這個結構是日本未來很大的課題。

其次，日本幾乎都是火力發電。日本在二〇一八年七月制定《第五次能源基本計畫》[19]，根據其內容，目標在二〇三〇年以前燃氣比例要增加二七％、燃煤比例下降到二六％，再生能源則上調從二二％到二四％。該計畫的主旨為「思考更多元的發電方式」，不得不說其實有點模稜兩可。

特別是，全球都朝著廢除煤炭火力發電邁進的時候，日本卻走上自己的路，想透過先進技術提升煤炭發電效率，降低環境負荷。國際間對這種想法完全無法理解。

表5-1 各國再生能源的推動狀況

國名	詳細的推動內容
冰島	電力三成靠地熱發電，剩下七成由水力發電包下，幾乎100%都由再生能源發電。
瑞典	2020年以前國內能源消耗量必須有49%來自再生能源。2045年以前達成碳中和。
丹麥	2019年底制定的氣候法，2030年要減少70%CO_2的排放量（與1990年相比），制定法律將2050年碳中和義務化。2019年國內發電量中，風力、太陽能等再生能源必須占50%以上。發表能源島的建設計畫，新增兩處離岸風力發電的據點。
英國	溫室氣體刪減目標在2022年以前為34%，到2050年以前為80%。在2017年再生能源的發電量達到30%。
法國	在2020年以前溫室氣體排放量刪減20%，目標在2050年以前達成碳中和。在2030年以前再生能源比率，在能源消費占32%，在發電量占40%。
德國	修改核能法，在2022年階段性廢除核能。
西班牙	該國相當早就積極開發再生能源，是世界少數的太陽能發電國。再生能源率在2017年已占總發電量的45%。
中國	積極轉換發電結構，從化石燃料轉為綠色能源，在第13次5年計畫（2016～2020年）提出的再生能源比率，已在2019年達成（再生能源占全電力發電設備比例為38%）。
印度	目標在2022年以前導入一億七千五百萬千瓦的再生能源。
都市名	**詳細的推動內容**
溫哥華（加拿大）	2015年議會通過在2050年以前100%使用再生能源。
雪梨、阿德雷德（澳洲）	2020年7月1日正式100%切換為再生能源。全市所有建築物使用的電力都來自再生能源。
舊金山（美國）	2018年發表計畫在2030年以前全市電力切換為再生能源。2019年制定「綠色新政計畫」，規定凡是商業大樓都有義務使用再生能源。

出處：根據一般社團法人海外電力調查會等資料製作

圖5-14 日本初級能源的比例

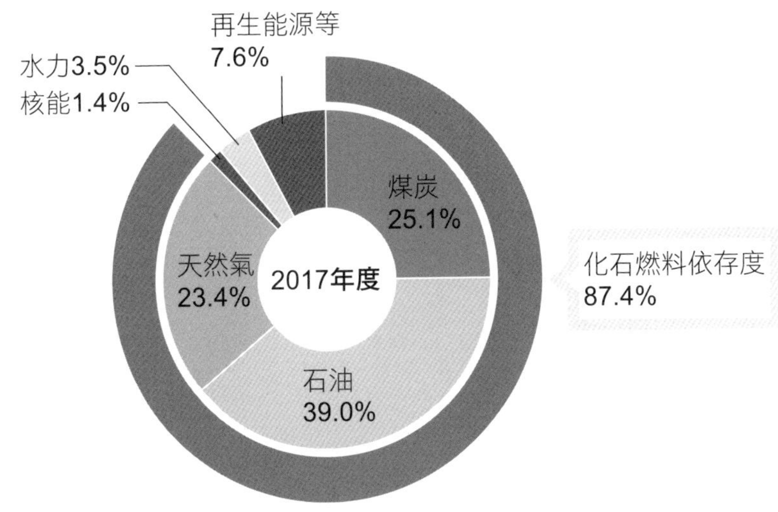

出處：資源能源廳「日本的能源2019」，
根據https://www.enecho.meti.go.jp/about/pamphlet/轉載製作

日本對核能發電的態度更是含糊不清，只說「盡可能減少核能依存度」。二〇一一年東日本發生大地震，二〇一三年核能發電完全停擺，二〇一五年又再度啟動部分核能發電，截至二〇二〇年七月到現在已有四座核能電廠正在運作。目前核能發電的比例只有五％到六％，計畫在二〇三〇年前要提升到二〇％到二二％。面對這項計畫，贊成與反對意見都有，相較於地震發生前核能發電比例有二五％，現在政府的立場則希望在二〇三〇年以前，降低到三％以下。

《第五次能源基本計畫》就是在

圖5-15 日本的電力來源展望

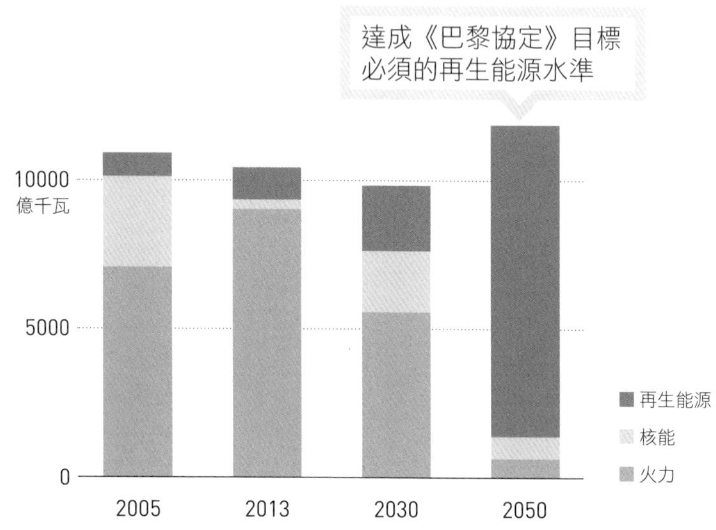

出處：參考經濟產業省的網站製作

這樣痛苦的調整中出爐，不得不說內容仍屬曖昧的方向性政策。

另一方面，再生能源比率在二〇三〇年預計提升到二二%到二四%，是現狀的三到四倍。對照《巴黎協定》的目標，在二〇五〇年以前CO_2要減少八成，目前來看，這項標準遠遠不足，再生能源比率至少得提高到八、九成才行（圖5-15）。

為什麼日本的能源結構比例無法徹底改變呢？原因很多，其中之一是利害關係者太多，無法由下而上形成共識。第二個理由是，大家都是在現行制度基礎上討論，面對新的課題自然會出現很多做不到的推託之詞，常使討論嘎然而止。

以太陽能發電和風力發電來說，發電時間帶被天候左右，電力的變動性成了一大問題。舉一個簡單的例子，靠太陽能發電的電力在白天因為發電量可以跟得上需求，所以價格便宜、買賣價格穩定，但到了夜間，電力卻是使用白天的蓄電量，供給有限，這麼一來夜間的電力成本就會提升。這種發電的不確定風險在歐洲是由消費者承擔，但以日本現行的制度來說，則是電力生產者負擔，完全要靠電力發電業者自身的行動來迴避風險。

政府和經濟團體始終沒有討論到電力制度改革的層面，都集中在談論如何維持現行制度，寄望透過技術突破來解決這個問題。換個角度來看，如果能改變制度，說不定再生能源就會出現飛躍性成長。事實上有許多專家指出，導入再生能源的困難之處幾乎不在技術層面，大多起因於制度上的不完備和不作為[20]。

現在的日本政府是以對症療法、累進式方式來思考能源問題，無論是煤炭火力或核能發電，最後的結論都會導向「目前還有需要，所以只能繼續使用」。但若能把眼光放在五十年後、一百年後的世界，了解未來這些電力來源不能再使用了，煤炭或核能發電必須在未來數十年不斷減少，日本政府或許就能慢慢形成長期願景了吧。

專欄——持續普及再生能源，以及開發節能產品

面對氣候變遷問題，最有效的解決方案是再生能源的轉型。再生能源的電力來源包括太陽光、太陽熱、地熱、水利、風力、海上風力、生物質等，隨著技術進步，發電成本不斷下降，而發電效率也能不斷提升。下面一起來看各種電力來源的成本變化，以及現狀與未來的展望。

太陽能

過去發電成本非常高、競爭力非常低的太陽能發電，在二〇一七年成本終於大幅下降，幾乎可以跟化石燃料的發電成本一較高下[21]。根據資源能源廳的估算，太陽能發電的每度發電成

圖5-16 各種再生能源的成本

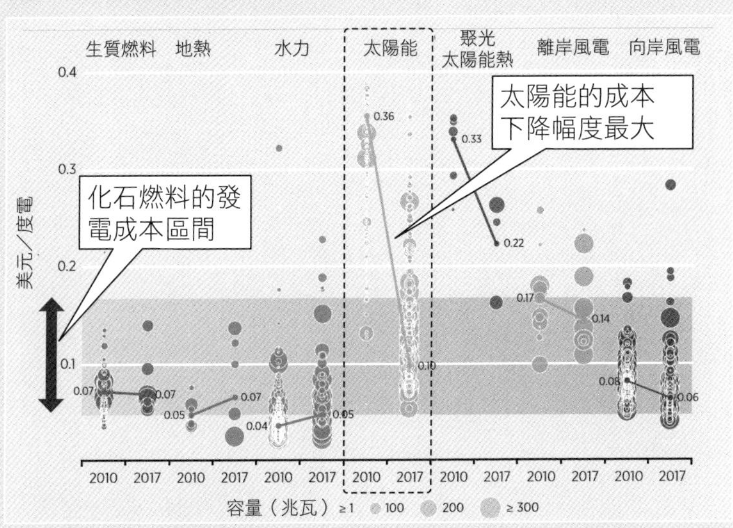

出處：轉載自IRENA並增添內容

本從二〇一七年的十七．七日圓，到二〇三〇年將下降到五．一日圓（圖5-16）。再加上官方民間努力合作開發太陽能面板素材，到二〇二五年太陽能的發電效率最多可以改善四〇%[22]。這麼一來，太陽能發電的成本就可以跟天然氣競爭了。只不過太陽能易受天候影響，有夜間不能發電的弱點，如何在技術上克服這點，是未來一大課題。

離岸風電

離岸風電也是備受矚目的再生能源之一。在日本，足夠用來做風力發電且長時間有風力的場所有限，所以才要仰賴離岸風力發電。比如說，青森縣的陸奧灣有大規模離岸風機設置計畫，最多可以架設六百座，總輸出量為日本最大㉓。另外，在長崎五島市海岸邊，將設置日本第一座浮體式的海上風力發電設施，預計二〇二一年開始運轉㉔。

目前日本正在整備販售風力發電設備的據點。北九州市的響灘地區未來有望成為亞洲專門的離岸風力發電特區，從風力發電設備的製造到成品一條龍生產，鎖定的就是未來再生能源需求勢必增溫的海外市場㉕。

地熱

位於新生代造山帶的日本，地熱也是未來備受期望的能源之一。雖然目前已經有二十幾處，但由於地熱發電的初期投資金額很高，儘管投入挖掘作業的投資者很多，但能撐到正式運轉發電的很少，換句話說，開展事業的門檻很高，是目前地熱發電發展的瓶頸。而且，八成的地熱資源都位於國家公園或準國家公園內，開發會有破壞環境的疑慮。不僅如此，還需要與同樣使用地熱資源、經營溫泉事業的觀光業者協調利益衝突，這也是開發進度停滯不前的原因之一。其實，地熱發電幾乎不受天候或時間帶影響，如果善加活用是很豐富的能源來源。

參考海外的案例，肯亞的再生能源占總發電量八五%，其中一半就是地熱，而且，肯亞部分地熱發電廠的建設與運作是透過政府開發協助（Official Development Assistance，ODA），由多家日本企業支援。事實上，日本製造的地熱發電渦輪機在全球有七成的市占率，技術非常優秀。從這點來看，若能持續推動地熱發電，日本就能開展這項新能源的未來[26]。

蓄電池的開發

導入再生能源過程中不可或缺的就是開發蓄電池。太陽能發電或風力發電的發電量常受到天候左右，很難掌控，面臨輸電穩定化、電力負荷平均化、電力系統穩定化等課題，因此電力儲存技術的發展備受關注。說到蓄電池，對鋰離子電池開發貢獻良多的旭化成名譽研究員吉野彰教授（Akira Yoshino）在二〇一九年獲得諾貝爾化學獎，相信大家記憶猶新，但這裡要介紹的是釩液流電池（VRB）與鈉硫電池（NAS）[27]。

釩液流電池是以釩金屬為基底的電池，特徵是能大量蓄電以及沒有放電次數限制。有人認為，若釩液流電池能普及就能完全調節再生能源的變動性。另一方面，鈉硫電池不需使用

圖5-17 IT相關機器的消費電力與消費電力總量預測

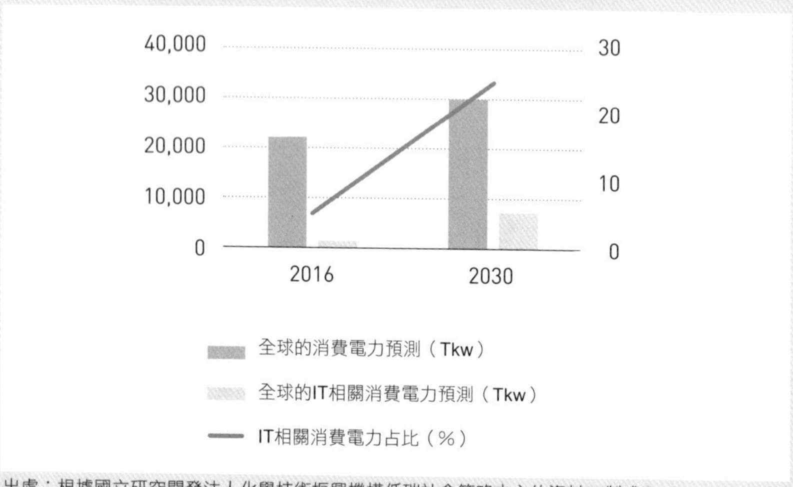

出處：根據國立研究開發法人化學技術振興機構低碳社會策略中心的資料[31]製成

稀有金屬，所以資源很豐富，壽命也很長，體積、質量都很輕便，普及的可能性更高[28]。若能活用蓄電池，就能常態性供給太陽能或風力發電，大幅降低盈虧平衡點，所以蓄電池的技術開發絕對值得關注。

伺服器熱問題

最後的節能部分，我們來談ＩＴ化進展與ＩＴ相關機器消費量急速增加的現象。其中最重要的兩個問題是，在集約式管理企業電腦的資料中心伺服器散發的熱，以及冷卻伺服器使用的空調裝置散發出來的熱。伺服器相關的熱占世界溫室氣體排放量的比例不少，所以目前ＥＳＧ調查機構的問卷項目中，也開始納入伺服器的效能。有些新的技術正在開發，像是包圍高溫伺服器做重點式冷卻的技術[29]，以及把伺服器浸泡在有高傳熱特性與絕緣性的液體來冷卻伺服器的液態浸泡冷卻系統[30]等。

參考文獻：

1. 美國非營利統計機構「人口資料局」（Population Reference Bureau）在二〇二〇年一月二十三日的「How Many People Have Ever Lived on Earth?」報告https://www.prb.org/howmanypeoplehaveeverlivedonearth/
2. 二〇一一年Virginia雜誌刊登的文章「Over Seven Billion Served」https://uvamagazine.org/articles/over_seven_billion_served
3. 「政府間氣候變化專門委員會」為聯合國環境規畫署（United Nations Environment Programme，ＵＮＥＰ）以及世界氣象組織（World Meteorological Organization ，ＷＭＯ）在一九八八年設立的組織，目的在於從科學、技術、社會經濟學的觀點針對人為起源的氣候變化、影響、適應以及緩和對策進行綜合性評價。
4. 氣象廳「海洋的碳循環」https://www.data.jma.go.jp/gmd/kaiyou/db/mar_env/knowledge/global_co2_flux/carbon_cycle.html
5. 東京大學大氣海洋研究所「世界首次同時解析珊瑚與藻類的基因」（二〇一四年一月二十日）https://www.aori.u-tokyo.ac.jp/research/news/2014/20140117.html
6. 政府間氣候變化專門委員會的報告「Global Warming of 1.5 ºC」https://www.ipcc.ch/sr15/
7. 氣象廳「溫室效應氣體種類」https://www.data.jma.go.jp/cpdinfo/chishiki_ondanka/p04.html
8. 東京火力「火力發電」https://www.tepco.co.jp/fp/
9. 獨立行政法人石油天然氣．金屬礦物資源機構二〇二〇年七月發表「二〇一九年度全球煤炭狀況調查」http://coal.jogmec.go.jp/content/300367900.pdf
10. 國際能源署網站https://www.iea.org/data-and-statistics
11. 碳揭露計畫二〇〇〇年開始要求企業公開針對氣候變遷的策略與具體的溫室氣體排放量，該機構在二〇一三年將原名「Carbon Disclosure Project」的縮寫「ＣＤＰ」改為正式名稱。
12. NO COAL JAPAN於二〇一九年九月十三日宣布，「從化石燃料投資撤資，再生能源投資增加。超過十一兆美元。」https://www.nocoaljapan.org/ja/gloabl-ffdivestment-clean-energy-investment-movement/
13. 氣候相關財務揭露專案小組最終報告書《氣候變遷情報揭露——專案小組的建言》https://www.fsb-tcfd.org/wp-content/uploads/2017/06/TCFD_Final_Report_Japanese.pdf
14. 麒麟控股《二〇二〇年度麒麟集團環境報告書》https://www.kirinholdings.co.jp/csv/report/env/pdf/environmental2020.pdf
15. 經濟產業省「與氣候變遷相關的情報揭露的動向」https://www.meti.go.jp/policy/energy_environment/global_warming/

disclosure.html

16. 科學基礎減量目標網站https://sciencebasedtargets.org/companies-taking-action/
17. 三井化學「氣候變遷、塑膠問題」https://jp.mitsuichemicals.com/jp/sustainability/mci_sustainability/climate_change/
18. 資源能源廳「二〇一九年度日本的能源」https://www.enecho.meti.go.jp/about/pamphlet/pdf/energy_in_japan2019.pdf
19. 二〇一八年七月發布《第五次能源基本計畫》https://www.meti.go.jp/press/2018/07/20180703001/20180703001-1.pdf
20. 植田和弘、山家公雄《再生能源政策的國際比較：為了日本的變革》（京都大學學術出版會二〇一七年出版）
21. 國際再生能源總署（International Renewable Energy Agency，IRENA）發布《二〇一七年再生能源發電成本報告》（Renewable Power Generation Costs in 2017）https://www.iREna.org/publications/2018/Jan/REnewable-power-generation-costs-in-2017
22. 日本最大的公共管理組織「新能源與工業技術」（New Energy and Industrial Technology Development Organization，NEDO）於二〇一二年二月發布「世界第一的模組變換效率，目標超過四〇%，太陽能電池開發中」https://www.nedo.go.jp/hyoukabu/articles/201111sharp/index.html
23. 日本經濟新聞二〇一九年十二月十七日報導「離岸風力發電，日本也占有一席之地，東北電在青森投資三千億日圓」https://www.nikkei.com/article/DGXMZO53482750X11C19A2EA2000/
24. 建設工業新聞二〇一六年四月十八日報導「戶田建設、長崎縣五島市／浮體式離岸風力發電設施的事業繼承／延續實用化的實證事業」https://www.decn.co.jp/?p=66382
25. 北九州市「離岸風力發電」https://www.city.kitakyushu.lg.jp/page/dayori/170401/special/special.html
26. 朝日新聞GLOBE二〇一九年九月二十七日報導「肯亞其實是『再生能源大國』，地熱發電由日本技術支援」https://globe.asahi.com/article/12741586
27. 鈉硫電池為日本碍子（NGK Insulators）的註冊商標。
28. 資源能源廳二〇一八年二月二十七日發表「幫助再生能源的穩定化『電力系統用蓄電池』」https://www.enecho.meti.go.jp/about/special/johoteikyo/keitoyochikudenchi.html
29. 人類基因組解析中心發表「對減少溫室效應氣體排放的措施」http://hgc.jp/japanese/co2/index.html
30. 富士通的「綠色・基礎設施・解決方案伺服器機房積熱的對策」https://pr.fujitsu.com/jp/news/2007/12/10.html

31. 國立研究開發法人化學技術振興機構之低碳社會策略中心二〇一九年三月提出「為了實現低碳社會的技術，以及經根據濟社會定量情境的創新政策立案的提案書——資訊化社會的進展帶給能源消費的影響(voi.1)ＩＴ機器的消費電力的現狀以及將來的預測」https://www.jst.go.jp/lcs/pdf/fy2018-pp-15.pdf

每年11月在日內瓦召開的「聯合國工商企業與人權論壇」，由來自全世界相關人士參加，討論最新的主題。
照片：柴田美紀子

第6章

「工商企業與人權」新思維與負責任的企業行動

什麼是「工商企業與人權」

隨著世界關心永續議題的升溫，日本企業也開始重視一項主題，那就是「**工商企業與人權**」。這個主題在歐美老早就是企業的責任之一，即使在日本，也因為早期在海外展開製造事業的很多企業歷經了全球化的洗禮，供應鏈❶管理的方法為了因應國外要求，早已意識到這個主題的重要性也有過許多討論，但由於它的體系相當複雜，想要理解它的本質並非易事。在本章我會介紹工商企業與人權的經過以及現狀。

說到人權，很多人腦中浮現的應該是職場性騷擾、職權騷擾、同化問題等這類狹義的人權觀念。但若是談到工商企業與人權，所指涉的範圍更廣，不只是企業組織本身，還包括原料採購（甚至追溯到原料生產）到產品、服務使用，到最後的廢棄等整體供應鏈，及其相關的所有利害關係人（或是做為人權主體的權利者）。為什麼考慮的範圍不只自家公司而必須擴及這麼廣泛的範圍呢？我認為要回答這個根本性的問題，必須從人權的歷史看起。

人權是偉大的發明

一九四八年十二月聯合國通過的「世界人權宣言」第一條就寫著「人人生而自由，在尊嚴和權利上一律平等」❷。但人真的是生而平等的嗎？

很遺憾，答案當然是NO（不是）。

至少從自然界的角度來看，人世間非常不平等。有一出生沒多久就死亡的嬰兒，也有活過百歲的人瑞，有生長在富裕家庭的小孩，也有出生在貧困家庭、受父母親虐待而無法活到成人的小孩。人間就是這麼不平等、不合理到令人扼腕的地步。

再者，像殺人這種不被允許的行為，一旦戰爭爆發殺人反倒成為正義之舉，這些都是非常不合理的狀況。光從這點來看，甚至意味著連人命的輕重都不平等。人自誕生以來就一直在重複這些不合理的行為，不是自己被人殺掉，就是自己的家人或深愛的人在眼前被殺，回顧人類歷史，這些令人痛心疾首的事情似乎是家常便飯。

當然，人與人之間有另一股勢力希望透過做些什麼來抵抗現況。從這個想法出發，最後就發明出「**人權**」的概念。

所謂的人權，如其名，是人與生俱來就擁有最普遍和基本的權利。傳統上的定義是「遠

圖6-1 人權的發明

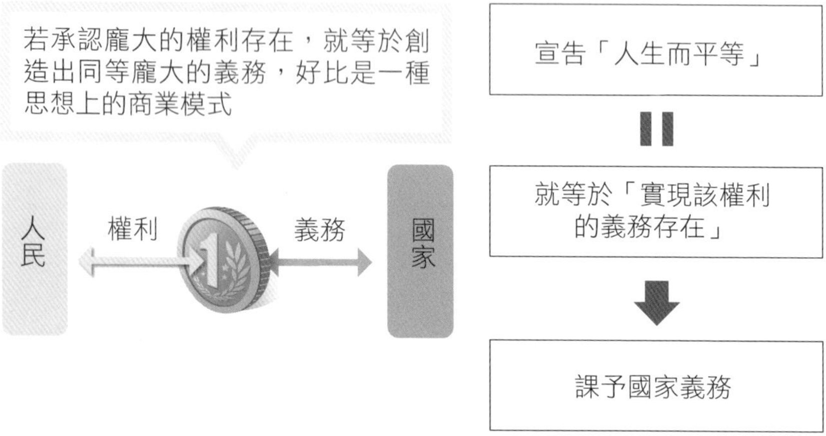

若承認龐大的權利存在，就等於創造出同等龐大的義務，好比是一種思想上的商業模式

人民　權利　義務　國家

宣告「人生而平等」

就等於「實現該權利的義務存在」

課予國家義務

離國家帶來的威脅，基於保護個人所制定的一連串規範與慣行。國家有義務確保人民能有尊嚴地活下去的必要條件。[3]」這樣的想法如果要實際發揮功用，確實保護到人民的各種權利，必須打造一個機制。這個機制就是讓國家認同「人生而擁有同樣權利」這個觀念的同時，賦予國家和權利同等份量的義務來確保權利。

這就是人權真正的含義，也就是權利的背後將會產生國家義務（State Duty），如同一種思想上的商業模式。換句話說，若承認龐大的權利存在，等於是創造出同等龐大的義務。我們可以說，人權是人類想要實現人生而平等的理想所創造出來最厲害的發明，也是最厲害的商業模式之一（圖6-1）。追根究柢，維護人權的想法是從面對國家威脅如何保護自己的需求出發，因此本章所談的「從事商業的主體，為了維護人權必須做出有責任的行動」這個主題，從人權的起源來看，極其理所當然。

人權的歷史

人權這個偉大發明可追溯到八百年前的十三世紀。一二一五年英國（當時是英格蘭）制定一個為了限制英格蘭國王的權力，由法律統治的制度就這樣誕生了。由前文以及六十三條條款組成的大憲章，讓教會脫離國王掌控，還允許倫敦等都市和港口能自由交易和免除關稅，並規定除了觸犯國家法律否則不能隨意逮捕、監禁人民、侵害人民的財產。雖然頒布沒多久曾被廢除，但後來又重新頒布，之後歷經數度的修改，直到現在仍有部分條款維持效力。《**大憲章**》（*The Great Charter of the Liberties*），是世界上第一次將人權概念明文化的壯舉。

又過了四個世紀，在一六二八年的英格蘭議會對國王提出了《**權利請願書**》（*Petition of Right*）。這份由十一條條款組成的權利請願書，目的是再度確認自《大憲章》以來，保障英格蘭國民的權利、國王的權利受議會法的制約、以及國民不會遭受不當的權利侵害，以及將國民的權利與自由視為繼承的財產。這份文書最大的意義在於，確認國王也必須受到法律約束。

接著在一六八九年，**《權利法案》**（*Bill of Rights*）制定完成，正式名稱為《國民權利與自由和王位繼承宣言》。這是為了保障對國王效忠的議會、國民的權利與自由，大幅度地限制王權，掌權者必須根據法律來治理國家，英國的君主政體就此消失。

《大憲章》、《權利請願書》、《權利法案》這三份律典就成了英國憲法重要的基本法。以英國《權利法案》為基礎，美國在一七七六年通過**《維吉尼亞權利法案》**（*Virginia Declaration of Rights*）。這份法案宣告人生來擁有同等的自由與獨立，帶給同年發布的《美國獨立宣言》（*The Declaration of Independence*）和隨後在一七八九年制定的《權利法案》、法國革命中提出的《人權和公民權宣言》（*Declaration of the Rights of Man and of the Citizen*）很大的影響。

到此已經形成一個體系，那就是「人生來就擁有權利，而國家有義務給予保障」。之後又歷經許多國際紛爭與兩次的世界大戰，終於在一九四八年《世界人權宣言》（*Universal Declaration of Human Rights*）發布後，確立了所有國家的所有人民，在人權方面都應該達到共通的基準。這份全部由三十條條款組成的《世界人權宣言》是由聯合國大會決議通過，所以並沒有法律上的約束力，但許多人權條約都是根據這份宣言而生效，因此在實質上擁有國際習慣法（customary international law）的地位。

表6-1 人權的歷史

年譜		人權概念的歷史意義
1215年	《大憲章》	世界首次將人權概念明文化。 限制英國（當時為英格蘭）國王的權利，由法律統治的制度就此誕生。
1628年	《權利請願書》	再度確認從大憲章頒布以來，保障英格蘭國民的權利不變。 確認國王也受到法律的管轄，以及明確表達國民不應受到不當的權利侵害。
1689年	《權利法案》	保障對國王效忠的議會、國民的權利與自由，大幅度地限制王權，掌權者必須依照法律來治理國家。英國的君主政體就此消失。
1776年	《維吉尼亞權利法案》	宣告人生來就擁有同等的自由與獨立性。 帶給《美國獨立宣言》、《權利法案》等很大的影響。
1948年	《世界人權宣言》	第三屆聯合國大會決議通過。為了尊重並確保人權與自由，「所有人與所有國家都應該達成的共同基準」。
1966年	《國際人權公約》	將以世界人權宣言為基礎所建立的權利條約化。這是所有人權公約中，最根本、概括性最大的公約。

後來，一九六六年聯合國決議通過《國際人權公約》（*International Bill of Human Rights*）並於一九七六年生效。這份公約以《世界人權宣言》的內容為基礎建立條約，是所有人權公約中最根本、概括性最大的公約。這份由「社會權公約」「自由權公約」以及「任擇議定書」組成的文件，其最大的意義在於規定守護人權乃國家的義務（表6-1）。

人權的發展

如上述，人類耗費漫長的時間終於建構了人權體系，其重點在於所謂的人權表面上是在講權利，但實際上談的卻是確保權利的國家義務。

如同其他跨國合作的領域一樣，關於人權的討論，各國都是以國家的義務為基礎來發展。一九九〇年起，國際機構或國際援助團體之間採用的是以人權為基礎的發展途徑（human rights-based approach，RBA）[4]，將人權納入開發合作的基準。

關於以人權為基礎的發展途徑，我舉「人孔小孩」（manhole children）的例子做說明（圖6-2）。

一九九〇年受到蘇聯垮台的影響，蒙古的街頭上到處都是失業者，許多被父母親丟棄的

圖6-2 以人權為基礎的發展途徑思考流程

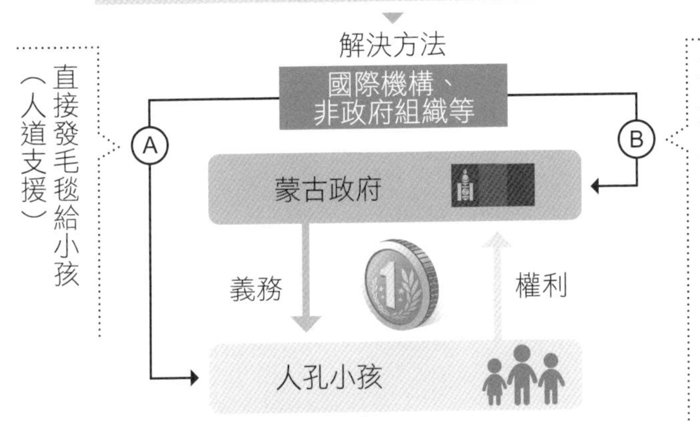

小孩無家可歸，為了度過零下三十度的嚴寒冬天，他們躲進人孔蓋下方的下水道並住了下來。根據統計，一九九九年以首都烏蘭巴托為中心，像這樣的人孔小孩將近有三千人。

為了守護人孔小孩的人權，國際援助團體直接到當地發毛毯給這些小孩，但這不算是以人權為基礎而是人道援助。基於人權為基礎的發展途徑的思考，蒙古政府有義務守護這些小孩，所以不應由國際援助團體直接發毛毯給小孩，而是要蒙古政府發毛毯，或者更根本地提出保護人孔小孩的作為才對。

國家有守護人權的義務，這是人權概念體系最根本的想法。雖然想法很簡單，但放眼世界決不是每個國家都這麼想。

畢竟，人權的概念並未滲透到每個國家。再者，有的政府就算認同國家有守護人權的義務，但沒有履行義務的足夠資金或者體制尚未完備、沒有專家協助等資源不足的國家仍不在少數。比如說，一九七〇年的泰國非常貧窮，即使夜豐頌府、依善等地方政府非常贊同國家有守護人權的義務，但很遺憾地，國家不為他們做擔保。

企業對人權的侵害

發展中國家比起保護人權更注重集團的權利，政府的治理無法良好運作。另一方面，先進國家則以經濟發展為優先，國家權限縮小但企業的經濟能力強大。二者都有各自的狀況，但結果都是無法改變人權侵害的實情，甚至伴隨經濟發展還引發新的人權問題。

從一九九〇年到二〇〇〇年，先進國家的國際企業在人權法制尚未完備的發展中國家拓展事業，表面上宣稱遵守當地的法律，但實際卻在強制勞動、雇用童工、環境破壞等，這類的報告實在不勝枚舉（表 6-2）。

比如說耐吉（Nike）委託亞洲發展中國家的工廠製造體育用品，藉此壓低製造成本。耐吉是世界知名的運動用品大廠，經營成功，賺取大量利益。但在一九九七年被揭發在印尼、越南等東南亞的委外工廠中，勞工的工作環境惡劣，有長工時、低薪、強制勞動、雇用童工、性騷擾等問題。隨後，耐吉受到國際非政府組織的批判，民眾發起大規模的拒買運動，其營收和股價因此大受打擊。

同樣的案例在其他行業或地區也都層出不窮。不但國家沒有資源遵守守護人權的義務，外商企業也毫不在乎地侵害他國人權，面對這種狀況國際社會能做些什麼呢？美國的國際政治學者，同時也是國際人權問題權威的約翰．羅傑（John Gerard Ruggie）回答了這個問題。

工商企業與人權指導原則

在哈佛大學甘迺迪政府學院擔任教授的羅傑（圖 6-3），從一九九七年到二〇〇〇年擔任科菲．安南的資深顧問。在那段期間，他協助成立了在第一章介紹過的聯合國全球契約組織而聞名。

二〇〇五年羅傑被任命為「人權與多國籍企業」問題的聯合國秘書長特別代表，與各國、公民社會商議後，在二〇〇八年的聯合國人權理事會中，釐清了企業活動會對人權造成

表6-2 企業侵害人權的案例

年份	企業名	人權侵害的內容
1990年代	殼牌（Shell）	開採石油量占奈及利亞四成，對侵害人權的軍事政權輸送利益。再加上多起石油洩漏事件造成當地水質、土壤受汙染，破壞原住民族群的生活環境以及健康。
1997年	耐吉	被揭露他們的委外工廠有雇用童工、低薪、長工時、性侵害、強制勞動等問題，外界發起大規模的拒買運動並提出訴訟。
2003年	開拓重工（Caterpillar）	以色列軍隊入侵巴勒斯坦領地時，使用該公司製造的推土機破壞家房屋，並殺害了一位和平運動人士。該公司受到制裁，在一定期間內禁止出口大型推土機。
2005年	普利司通（Bridgestone）	在賴比瑞亞的橡膠農園，環境惡劣並強迫兒童勞動而遭到控訴。雖然因為無法確定被害人的身分免於賠償損害，但仍被追究企業責任。

圖6-3 約翰．羅傑

（2007年6月20日，柏林）

照片：picture alliance／aflo

影響的「守護人權的國家義務」與「尊重人權的企業責任」，並強調人權受害者獲得「救濟處置的管道」的重要性，提出「保護、尊重以及救濟的框架」。

為了運用這個框架，二〇一一年聯合國通過一份新的指導原則，那就是《**聯合國工商企業與人權指導原則**》（*United Nations Guiding Principles on Business and Human Rights*）❺。為了促進且普及這份由人權理事會提出並獲得支持的原則，專家們組成的作業部會在之後發揮非常大的作用。

這份指導原則的縮寫為「UNGP」，又被稱為「羅傑原則」，在本書中統一以《指導原則》稱之。《指導原則》的內容非常具有劃時代的意義，裡面有些部分其實已經可以直接轉換成國際法了。

《指導原則》是基於下面三個認識建立，適用於所有國家以及企業，而且不論規模、行業、所在地、所有者以及組織結構：

①國家原本就有義務尊重、保護、補足人權以及基本自由。

②企業必須遵守所有可能適用的法令以及尊重人權，作為一個專業化的社會性機構發揮專業性的功能。

③若發生違反或侵害權利與義務的情況，必須準備適切且有實效性的救濟。

在三十一項個別原則中，最初的十項為國家義務，接著十四項原則是企業責任（Corporate Responsibility），最後七項原則則是救濟管道（Access to Remedy）。

其中最重要的是企業責任的描述雖然沒有法律上的義務，但明確要求企業必須依據國際社會承認的人權，遵照各基本原則充分認識社會性、同義性責任，尊重人權。

本章的開頭曾說明人權真正的含義，也就是權利的背後將會產生的國家義務。在《指導原則》中，國家的義務仍在，但更進一步地**要求企業必須透過自身經濟的影響力，肩負起擔保人權的責任**。

在國際法中，國家主權是絕對的。從絕對的國家主權中，拔除一定程度的責任加諸在企業中，就是《指導原則》的概念（圖6-4）。但《指導原則》最多也只是「指導原則」，是沒有法律約束力的軟法（soft law），但若把它視為國際法層級的基準來思考，將會帶來非常巨大的典範轉移。

企業在發展中國家進行商業活動，比如說，企業在印度或孟加拉的工廠生產產品，過去只要遵守該國的國內法即可，現在這種做法已經不夠了，既然企業擁有經濟上的影響力，就

圖6-4 工商企業與人權指導原則對於人權的思考方式

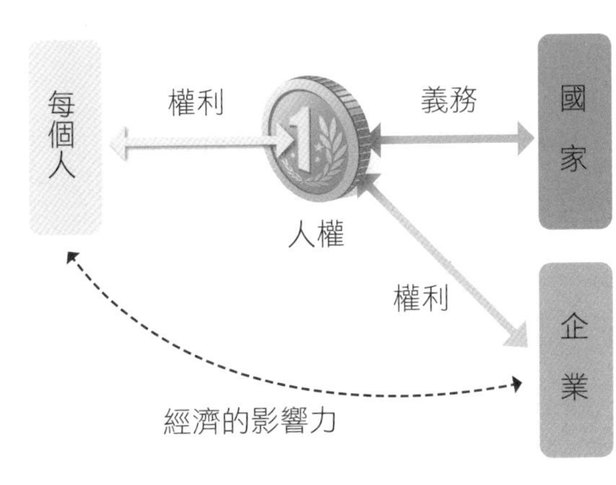

應該依照以《指導原則》為首的國際基準，肩負起守護該國人民的責任。

現在的國際動向正逐步將《指導原則》的規定落實在硬法（hard law）中，這意味著未來企業必須負擔起一定的義務。在下一節中我會詳細介紹，以歐美各國為中心，愈來愈多企業在本國活動時，被要求要肩負起尊重人權的責任。

人權與SDGs

在日本，隨著SDGs的關注度攀升，工商企業與人權領域逐漸受矚目，如前述，《指導原則》通過的時間點是二〇一一年。也就是說，比SDGs通過的時間二〇一五年還早了四年。

在SDGs的一百六十九項指標之中，人權

（Human Rights）這個字只出現過一次，就在四之七與教育相關的指標中。所以說，人權與SDGs無關嗎？其實正好相反，**人權反而是支持ＳＤＧｓ整體的架構**。ＳＤＧｓ所有的目標都包含著尊重人權。消除貧窮（生存的權利）、終止飢餓（吃的權利）、教育的權力、性別平等、取得潔淨飲水和能源的權利、勞工的權利、減少不平等（不受歧視的權利）、供應鏈的權利、不因氣候變遷與環境汙染侵害生活的權利、獲得和平健全的司法平等，ＳＤＧｓ的所有主張都在強調權利，就算說「沒有人權就沒有ＳＤＧｓ」也不為過。

《二〇三〇可持續發展議程》也包含與《指導原則》一樣的理念，在「實施手段與全球夥伴關係」這章的第六十七段中，明確記載「《關於工商企業與人權指導原則，以及國際勞動機構的勞動基準》、《兒童的權利條約》以及主要的多《邊環境協定》（*Multilateral Environmental Agreements*，ＭＥＡｓ）等締約國必須遵照這些決議遵守勞動者權利、環境保健基準，促進有活力且運作良好的民間部門活動」。

想要從人權的觀點來掌握ＳＤＧｓ，必須運用第三章介紹的連鎖式思考法。羅傑也在二〇二〇年五月舉辦的QUICKESG研究所線上工作坊中，針對ＳＤＧｓ與人權的關係做出以下表示：「重視能為人權帶來正面影響的最大化目標，發揮與複利效果同等的影響，換句話說，可以同時促進多個ＳＤＧｓ達成。比如說，致力於追求目標五的性別平等，同時也可以

對所有SDGs帶來正面的效果。」❻

由於人權這個詞彙沒有出現在十七項目標中，所以我常被問到人權應該用SDGs的哪個圖示做代表，其實並沒有單一圖示可以完全表達人權的概念。人權是支持SDGs整體的概念，而且與所有目標密切相關，硬要說，我認為擁有十七種顏色的色環（Color Wheel）應該是最適合的圖示。

世界各國家行動計畫的動向

在上一節中提到，聯合國工商企業與人權的作業部會一直鼓勵各國普及並實施《指導原則》，為其制定行動計畫。最先迅速反應的就是歐美各國，他們根據自己國家的實際情況與法令著手制定**《國家行動計畫》**（*National Action Plan*，NAP）。自從二〇一三年英國制定出全世界第一個《國家行動計畫》以來❼，義大利、荷蘭、挪威、美國、德國、法國等陸續跟進，截至二〇二〇年全世界已經有二十三個國家制定《國家行動計畫》❽。其中，二〇一九年十月泰國領先亞洲各國制定出《國家行動計畫》成為一時話題❾。（圖6-5）

英國現代奴隸法案

最早以《國家行動計畫》為基礎，將企業對人權的應對「硬法化」並採取行動的國家是

圖6-5 全球《國家行動計畫》以及人權相關法律制定狀況

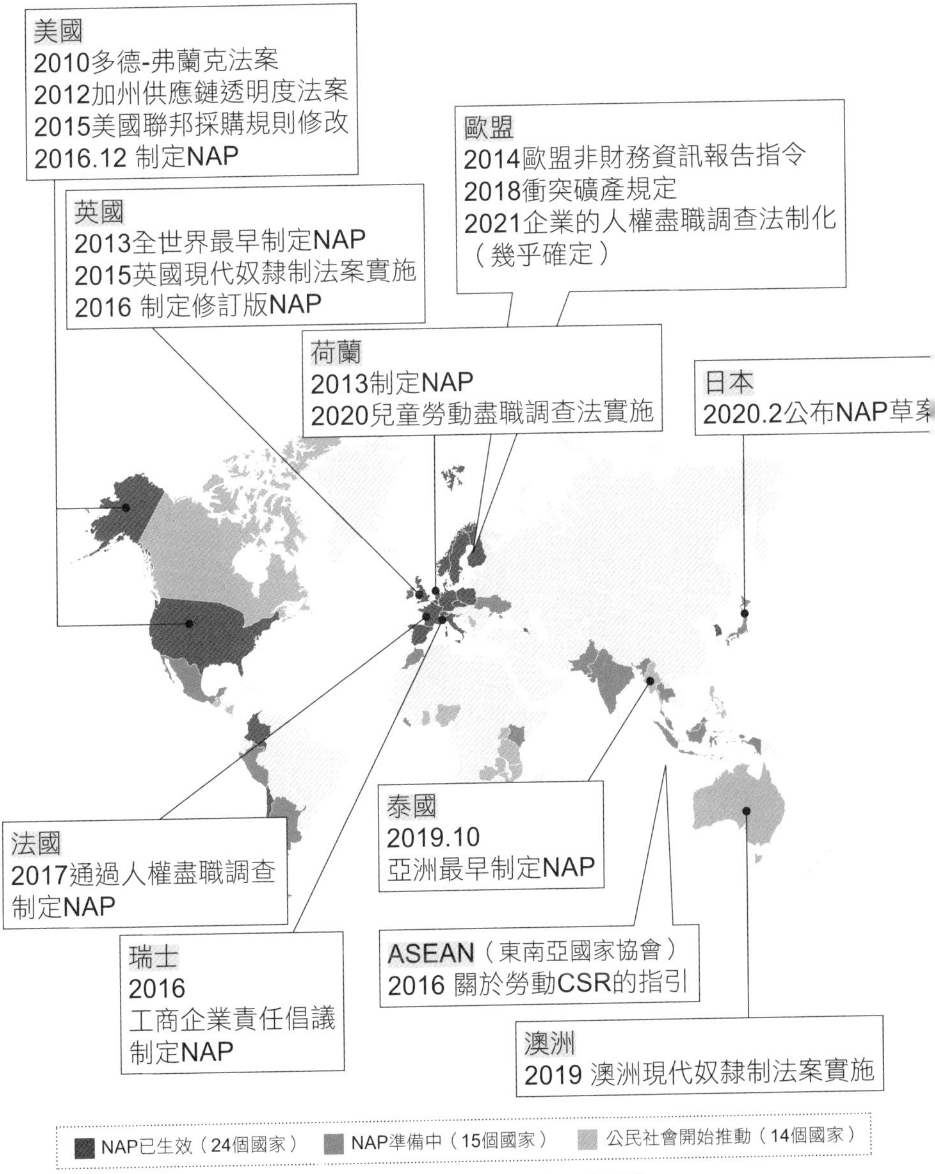

美國
2010多德-弗蘭克法案
2012加州供應鏈透明度法案
2015美國聯邦採購規則修改
2016.12 制定NAP

英國
2013全世界最早制定NAP
2015英國現代奴隸制法案實施
2016 制定修訂版NAP

歐盟
2014歐盟非財務資訊報告指令
2018衝突礦產規定
2021企業的人權盡職調查法制化
（幾乎確定）

荷蘭
2013制定NAP
2020兒童勞動盡職調查法實施

日本
2020.2公布NAP草案

法國
2017通過人權盡職調查
制定NAP

瑞士
2016
工商企業責任倡議
制定NAP

泰國
2019.10
亞洲最早制定NAP

ASEAN（東南亞國家協會）
2016 關於勞動CSR的指引

澳洲
2019 澳洲現代奴隸制法案實施

NAP已生效（24個國家）　NAP準備中（15個國家）　公民社會開始推動（14個國家）

出處：丹麥人權研究所（The Danish Institute for Human Rights，DIHR）
根據Nationalaction plans on business & human rights等資料製作

英國。在二〇一五年三月實施的《現代奴隸制法案》（*Modern Slavery Act 2015*），要求在英國境內活動、且全球營業額超過三千六百萬英鎊（約十三．五億台幣）的企業，每年度都要公開發表「關於奴隸與人口販賣的聲明」，目標是根絕供應鏈中的強制勞動或人口販賣，要求企業做好**人權盡職調查**（**Human Rights Due Diligence**），包括過程、風險的評估、管理與監控等（關於人權盡職調查會在下節詳述）。

不僅是英國企業，連在英國設立子公司的外國企業也被納入在內，其中包含不少日本企業。截至二〇二〇年六月，共有一萬七千多間公司公開發表聲明，但僅有二九％企業滿足最低要求[10]。

雖然規定上明確寫著，違反規定的企業將處以罰金而且金額無上限，但英國政府沒有確認該聲明，也不要求企業繳交實施人權盡職調查的報告結果。但對已公開發表聲明的企業來說，若放任強制勞動或人口販賣的事實不管將導致聲譽危機。比起罰則，交由追求資訊揭露的市場評價來懲罰企業可能更有效率，就這點來看，這套法案的制定實在非常巧妙。

儘管在《現代奴隸制法案》案中，使用了「奴隸」這個現代人很容易誤認為已經廢止的詞彙，然而實際上，被當做奴隸使喚、被企業壓榨的「現代版奴隸」，全世界超過四千萬人以上[11]。其中日本占了三萬七千人。不過，如果將海外的供應鏈也計算在內，與日本企業相關的現代奴隸的人數一定更多。有些企業可能認為，我要怎麼調查委外廠商是否存在這樣情況？但英國《現代奴隸制法案》就是要求企業必須擬定方針，掌握並糾正委外廠商的狀況，取得董事會同意後公布有代表人簽名的聲明。

澳洲現代奴隸制法案

澳洲緊接著英國之後，於二〇一九年一月實施《現代奴隸制法案》。在聯邦以及新南斯威爾州，企業有義務提出盡職調查實施的過程以及發生奴隸勞動風險的聲明，藉此降低事業以及供應鏈中發生奴隸勞動的風險。澳洲的《聯邦法》規定，在澳洲境內經營的企業年營業額只要超過一億澳元（約二十億台幣）就適用該法。而新南斯威爾州的法律規定，在其境內擁有員工且年營業額超過五千萬澳元未滿一億澳元的企業就適用該法。

這份聲明必須獲得董事的同意，而且必須每年製作、發表，若疏於報告或做假報告的企業會被處以罰金。和英國《現代奴隸制法案》一樣，許多日本企業也被納入對象，只是第一次報告的期限是在二〇二〇年底，所以在本書出版當下的二〇二〇年六月，目前只有二十六家企業完成聲明⑫。

人權盡職調查法的制定動向

歐洲各國對於**人權盡職調查**的法案制定非常積極。

二〇一七年，法國實施人權盡職調查。以在法國設立的企業為對象，母公司以及在法國設有總公司的子公司，連續兩個會計年度擁有五千人以上的員工，或者母公司以及子公司（包含總公司設立於法國境外者）合計擁有一萬人以上員工，都有義務實施人權盡職調查。

荷蘭在二〇一九年五月制定《**兒童勞動盡職調查法案**》，並從二〇二〇年一月開始實施。該法案規定，所有提供產品或服務給荷蘭市場的企業，有義務每年提出兩次以上的人權盡職調查聲明，說明供應鏈中是否有兒童勞動的問題，並提出評估以及防止對策。

德國在二〇一六年制定的《國家行動計畫》中加入新的法規，以一定規模以上的企業為對象，確認人權盡職調查的實施狀況。

義大利則在二〇二一年一月實施人權盡職調查。

日本制定《國家行動計畫》的進度

歐洲積極動作的影響逐漸向外擴散，日本企業無論意願如何，都被迫要對工商企業與人權的議題做出回應。日本政府身為G20的一員，也受到國際社會的要求，勢必要建構出包含制定《國家行動計畫》的架構，而實際上日本的進度又是如何呢？

《指導原則》出爐的隔年，也就是二〇一二年，位於日內瓦的聯合國總部每年十一月都會召開聯合國工商企業與人權論壇（UNForum on Business and Human Rights）⑬。包括政府、民間企業、公民團體、法律人士、投資人等約有二到三千來自全世界的人參加，是全世界關於工商企業與人權最大規模的活動，大家會在這裡交換廣泛主題的最新情報，或做出政策性的決定。在二〇一六年第五屆的論壇中，時任聯合國日本政府代表志野光子（Mitsuko Shino）大使公開發表，日本也要開始制定《國家行動計畫》⑭。以此為契機，以外務省為中心，日本政府相關部門開始進行指標性研究（baseline study）。

指標性研究的成果於二〇一八年十二月以報告書的形式公布⑮，二〇一九年四月，由專家學者組成的諮詢委員會以及各路相關人士組成作業部會設置完成。同年七月，外務省參考諮詢委員會和作業部會的意見，最後決定把整體分成五個優先領域，並鎖定十四個項目做為重點檢討⑯。

從表明想法之後過了三年多，總算在二〇二〇年二月中擬定出《與﹁工商企業與人權﹂相關的行動計畫草案》⑰，並在三月中徵求公眾意見。在這短短一個月的時間，就有許多包括公民團體、日本律師聯合會等提出意見[18]。其中大部分人除了肯定草案之外，也提出許多課題。

針對各團體提出的改善建議可統整出以下幾點：

- 明確表示「履行人權保護義務」為最重要目的。
- 不僅要確保和工商經濟與人權相關政策的整合性，還要宣示國家的所有政策都會秉持《指導原則》的精神，在實施時確保一貫性。
- 具體描述與SDGs關係的見解。
- 整理出與《指導原則》中，規定各原則的國家對於人權保護義務的關係，分析既有措施的有效性與差距之後，明確選擇出《國家行動計畫》指引[19]中也有納入的「優先領域」。
- 詳細記載未來要實施的措施，選定可供檢驗的具體目標（KPI），指派政府各級相關單位負責。
- 明確列出實施、檢討的過程，交由第三方監控並公開發表結果，確保計畫的包容性與透明性。
- 增加權利持有者與公民團體等利害關係人參與以及對話的機會。

- 設置並檢討國內人權機構[20]。
- 行動計畫的期間從五年改為三年。
- 改善外國人技能實習制度、從性別平等的立場來制定對策等。

如表6-3所示，《國家行動計畫》正式公布的時間是「二〇二〇年年中」，但因為新冠肺炎疫情擴大的影響，時程稍微延遲改在二〇二〇年秋天對外發布。也因如此，二〇二〇年六月制定《國家行動計畫》的作業部會的成員，包括日本經濟團體聯合會、日本勞動組合總聯合會、全球契約網絡日本分布、日本律師聯合會、國際勞工組織駐日事務所等利害關係人，把對《國家行動計畫》提出新的建言以請願書的方式提交給政府[21]，內容包括實施、監控、修改與利害關係人相關部分的體制整備，還有把新冠肺炎危機對人權影響的應對納入其中等。這些來自利害關係人的新意見能夠反映到何種程度，各界團體都在屏息以待。

看看歐美各國的例子就知道，制定《國家行動計畫》曠日費時，從表明制定《國家行動計畫》開始到製作草案所需要時間，平均花費近十個月，從製作草案到公開發表平均花費近二十四個月[22]。換句話說，大多數國家比起製作草案，必須花費更多時間在徵求民眾意見並修改再發表（圖6-6）。

表6-3 日本政府制定《國家行動計畫》的過程

2016年11月	在工商企業與人權論壇（日內瓦）上，宣布將制定與工商企業和人權相關的《國家行動計畫》。
2018年6月	在「2018度擴大版SDGs行動計畫」中記載《國家行動計畫》的制定。
	在「2018度未來投資策略邁向『社會 5.0』、『數據驅動型社會』的變革」中載明《國家行動計畫》的制定。
2018年12月	為了確認企業活動在人權保護所做的努力以及與日本法律制度相關的現狀，實施指標性研究並做成報告書對外公布。
2019年4月	由專家學者組成諮詢委員會，由各界相關人士組成作業部會。
2019年7月	依照諮詢委員會與作業部會的意見，將整體分成五項優先領域，並鎖定十四個項目做重點檢討。
2020年2月	國家行動計畫草案完成，徵求公眾意見（三月中以前）。
2020年年中	預計發布《國家行動計畫》。

出處：根據外務省「工商企業與人權」製作

來看看亞洲最早制定《國家行動計畫》的泰國。泰國在二〇一六年表達制定意願後，從國內成立《國家行動計畫》相關的委員會到製作草案、徵求公眾意見的二〇一九年二月為止，約花費三年的時間。同年十月內閣通過《國家行動計畫》，這段期間只花了八個月，相較之下時間短了很多，但那是因為他們在二〇一八年底就開始

圖6-6 各國制定《國家行動計畫》的時程

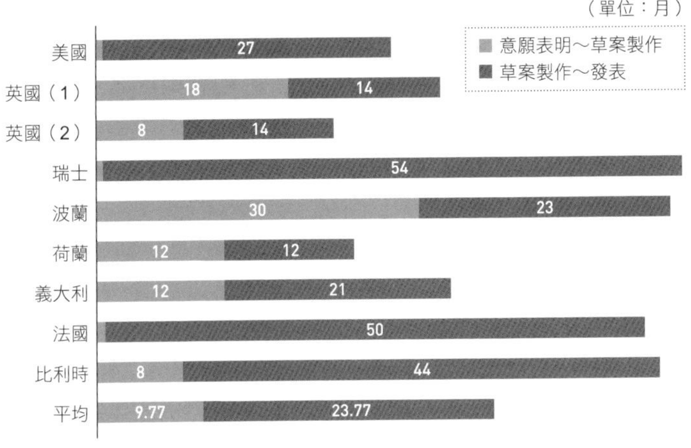

出處：丹麥人權研究所（DIHR）
根據National action plans on business & human rights製作

徵求公民團體的意見，提供了事前對話的機會。

期待日本政府對於這個具有劃時代意義的重要計畫，能廣泛徵求利害關係人的意見之後再做最後決定。

企業尊重人權的推動過程

日本企業過去對於「人權」問題的認識，幾乎都是性騷擾、職權騷擾、同化問題、消費者權利等，不是自家員工就是與顧客之間會產生的傳統歧視問題。在工商企業與人權的脈絡下，人權概念和過去遠遠不同，客戶端有客戶端的人權狀況，此外還有客戶周邊的供應鏈、消費者端的社群、接收廣告的視聽眾、連沒有直接交易關係的非政府組織、非營利組織等也算在內，企業在活動時要考慮到所有層面是否有侵害人權的疑慮。

比如說，有間接關係的委外廠商，其海外工廠是否發生雇用童工或強制勞動的情況。客戶端採購原物料，其栽種地或採收現場是否發生掠奪原住民土地、採伐森林、環境污染的情況。客戶端是否雇用外籍勞工在惡劣的環境下工作。以上各種型態的人權侵害，其實已經超過企業合法契約的範圍之外。但《指導原則》的想法是，企業多少都有一定程度的經濟影響力應該負起所有責任。光是遵守本國或當地法人所處國家的法律已經不夠了，這樣的共識逐漸在世界各地凝聚起來。

《指導原則》制定後沒有改善的人權侵害事件

二〇一一年《指導原則》制定之後，不意外地仍發生多起企業侵害人權的事件（表6-4）。以日本企業來說，最有名的例子是二〇一五年迅銷公司（Fast Retailing）旗下的品牌「優衣褲（Uniqlo）」被告發，他們在中國的外包工廠違反勞動法規定，而且當地工作環境極其惡劣。以東京為據點的非政府組織「Human Rights Now」、以香港為據點的「SACOM團體」和「Labour Action China」共同在二〇一四年七月到十一月深入調查並做成報告[23]。他們發現當地勞工領低薪、長工時，在排水溢滿地板、室溫達四十度左右的工廠工作，環境相當惡劣且危險，不僅如此，雇主對勞工設有嚴格的處罰機制，例如罰錢等。

這事件發生沒多久，優衣褲又被Human Rights Now揭露在柬埔寨的縫製工廠發生違法事情，包括嚴重的長時間勞動、不當解僱等[24]。

迅銷公司承認這些揭露屬實，並發布「企業社會責任行動」承諾持續進行事實確認與活動改善[25]。但由於後續被指出實際投入以及和非政府組織的對話不足，該公司在二〇一八年繼

表6-4 供應鏈中侵害人權的案例

年	企業名、侵害人權的內容		結果、處置
2011年	日立製作所	該公司的供應廠商被發現當地工廠對移工有不公平待遇，因而要求改善。 人權運動家宣稱曾遭到廠商威脅，因此對主要買家，也就是日立製作所發起抗議運動。	·該公司要求當地工廠遵守勞動契約，以及第三方監督調查來緩和此事。 ·2013年接受非政府組織Shift支援，制定「日立集團人權方針」。
2015年	卜蜂	被揭露供應集團食品公司的蝦飼料業者有強制勞動的情形發生。	·歐盟實施禁止貿易措施。 ·客戶端實施暫停交易、參與、監督調查等。 ·英國的零售業界經詳細調查後，重整體制建立勞動者熱線。
2015年	迅銷	經過非政府組織深入調後發現，製造優衣褲產品、位於中國的外包工廠，勞動環境相當惡劣，違反勞動法等，因而製作報告書對外公布。	·承認事實，宣布將與非政府組織展開對談。 ·公布CSR行動，說明改善措施，但沒有實現與非政府組織展開實質對話的承諾 ·2018年6月制定人權方針，7月設置人權委員會。

出處：參照認定非政府組織法人ACE「企業與人權風險」，以及本書參考文獻23～26資料製作（https://www.bhr.acejapan.org/hrrisk）

續提出更多改善的應對策略，包括制定人權方針、設置人權委員會、實施人權盡職調查、委外工廠的資訊揭露，以及連委託端的工廠也適用的熱線窗口和救濟措施等。

接下來介紹其他國家案例。二〇一四年英國《衛報》（*The Guardian*）揭露，泰國最大的綜合企業卜蜂集團（Charoen Phokphan）食品公司，在蝦子供應廠發生強制勞動等侵害人權的情形[26]。生產蝦飼料的業者雇用緬甸、柬埔寨等周邊各國的勞工，強迫他們長時間、無薪資在海上作業船隻操作機械，甚至還發生施暴和處刑的狀況。

卜蜂食品也在沃爾瑪、好事多、家樂福等歐美大型超市上架。這些客戶做出許多促進改善的影響，包括對供應廠商進行徹底的監督調查，或者直接停止與卜蜂交易。這次事件看似與日本企業沒關係，但日本會從泰國大量進口蝦子，未來若出現類似事件，比如說被問到進口端食品的飼料是怎麼來的，企業不能回「不知道」來搪塞過去，而是會被追究一定的責任。

人權盡職調查的重要性

談到人權，很常伴隨出現的詞彙就是「風險」，這時候說的風險不是企業或組織的風險，而是指人權受到侵害的風險。比如說兒童勞動造成的人權風險就是一例，小孩子失去受教機會和保護，無法過著健康又安全的生活，這些權利都被剝奪了。企業活動的結果有可能會侵犯到人生來就應當擁有的自由和權利，所以有必要確實掌握這些風險。

另一方面，企業也要考慮到人權侵害會讓自家公司暴露在什麼樣的風險之下，若不多加注意工商企業與人權相關的議題，可能會連帶產生一連串的風險，像是因為訴訟、行政裁罰等的法務風險，或是因為人才出走或罷工等的企業運作風險，以及因為拒買運動或在社群媒體上引發輿論抨擊的聲譽風險等。換句話說，人權風險很有可能直接演變成企業的經營風險。

企業若能正確理解上述的概念，掌握和評估人權相關的風險並提出改善，這一連串的過程就稱為「**人權盡職調查**」。

圖6-7是人權盡職調查流程的例子。首先，最重要的是經營領導人理解其重要性，然後承諾公司全體會一起投入。

之後就是**制定人權方針**，然後找出可能因企業活動造成的人權風險，根據發生的可能性與嚴重度做出風險評估。關於風險評估，除了組織之外還要對供應鏈、事業夥伴等相關人士做問卷調查以及訪談，找出風險所在、評估是否發生人權侵害的情形，以及如果發生的話要如何改善，甚至連如何防止都要納入檢討。

關於風險的預防與改善，不光是自己的組織，包括供應鏈和事業夥伴等也要以同樣的標

圖6-7 人權盡職調查的流程

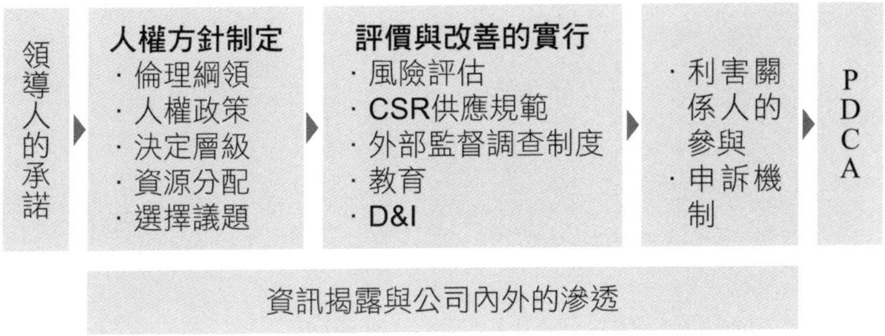

領導人的承諾 ▶ **人權方針制定**
· 倫理綱領
· 人權政策
· 決定層級
· 資源分配
· 選擇議題
▶ **評價與改善的實行**
· 風險評估
· CSR供應規範
· 外部監督調查制度
· 教育
· D&I
▶ · 利害關係人的參與
· 申訴機制
▶ PDCA

資訊揭露與公司內外的滲透

準應對。因此，企業要制定供應規範和指引，努力敦促大家遵守或透過**第三方機構監督調查**，這效果也很不錯。

接著要建構處理供應鏈、消費者、公民團體等抱怨的系統，也就是**申訴機制**，讓各種利害關係人參與並展開對話，有實效性的評估與檢討，直接改善人權盡職調查的流程。

這一連串的過程中，資訊揭露必須隨時進行。

上述只是其中一項舉例，就實務上來說，企業可以根據實際情況採用容易實行的方法，也可以盡可能地活用既有的機制與規定，建議從最容易潛藏風險之處開始著手。對日本企業來說，常常因為沒有完備所有架構與體制而不敢著手執行，但這麼一來永遠無法做到真正的人權盡職調查。在這段猶豫不決的時間裡，說不定供應鏈已經發生了嚴重的人權侵害事件，等於把人們的安全或生命暴露在危險之中，這點企業應該有所警覺。

指導原則第二十二條寫著「企業引發負面影響或確定有

助長負面影響的時候，應該透過正當的程序來準備或協助修正的作業。」這個原則出現了三個關鍵字，Cause（引發）、Contribute（助長）、Linked（連結），這裡說的當然包含媒體報導或評論在內。也就是說，企業必須確認自己是否有實際侵害人權的情形發生，或是忽視供應鏈的上游發生的人權侵害事件間接助長情勢變得更嚴重，又或者沒有引發也沒有助長而是自家的事業、產品、服務與人權侵害事件有直接的交易關係等，根據性質的不同，修正的必要程度也有差異。當我們討論人權盡職調查時應重視什麼、要如何評估風險時，上述的概念非常重要。但是別忘了，若企業本身就是事件引發原因、或有助長相關的證據，那麼就要在中長期的計畫中擬定對策負起責任。

人權盡職調查不是追求將人權侵害的風險降到零。企業只要有商業活動、超越國境的供應鏈，人權風險就不可能降到零。反而是要有潛在風險意識，防範人權侵害於未然，建構人權侵害發生時的救濟措施，最重要的是應對方法必須依照適切的方法論，秉持堅定不移的哲學與方針以一貫的流程進行。

人權應對的基準：ESG企業人權基準

在第四章，我們談到做為ESG主題的工商企業與人權備受關注。由於企業尊重人權的做法已經被用來評估未來企業長期價值提升或永續發展的要素之一，一些機構投資人會參加的國際組織，開始將企業應對人權一事進行評分並公布排名。

其中最主要的就是「**企業人權基準**」（Corporate Human Rights Benchmark，CHRB）和Know The Chain兩家。

企業人權基準是由國際非政府組織的工商企業與人權資源中心（Business & Human Rights Resource Centre）、人權與企業研究（Institute for Human Rights and Business）、EIRIS財團、機構投資人AVIVA Investors、瑞典的北歐銀行（Nordea Bank）等組成的組織，自二〇一七年起每年都會公布基準。

二〇一九年十一月公布的基準分成農業、服飾、資源採取、資訊與通信科技（ICT）等大類，約有二百多家公司納入評比[27]。

基準評估滿分一百分，整體平均只有二三．四分。最高分者為愛迪達（adidas）拿下八三．三分，該公司在二〇一八年表現良好，是唯一拿到八十分以上的公司。二〇一八年日本企業有兩間被列入評比對象，二〇一九年增加到十八間，但大半都在平均分數以下，有十四家公司甚至不滿二十分（表6-5）。

難道這些分數低的企業都沒有對保障人權做任何對策嗎？並不是。從二〇一九年的總結

表6-5 2019年的企業人權基準

分數	企業
80～	愛迪達
70～	力拓集團、聯合利華、瑪莎百貨、必和必拓（BHP）等
60～	埃尼（ENI）、英美資源集團、印地紡、家樂氏等
50～	GAP、威富、可口可樂、殼牌、雀巢、百事可樂等
40～	海尼根、迅銷、達能、耐吉、微軟等
30～	三星、沃爾沃斯、Next、英特爾、蘋果、雪佛龍等
20～	永旺、通用磨坊、麥當勞、麒麟、朝日集團等
10～	**東京威力科創、佳能、JXTG、國際石油開發帝石、村田製作所、日立製作所、任天堂、日本製鐵、7&I等**
0～	**三得利食品、京瓷、HOYA、全家便利商店、基恩斯等**

出處：根據 The 2019 Corporate Human Rights Benchmark Results製作

報告來看，去年被列入評比的企業，在二〇二〇年的平均分數為三一．四，而初次被列入評分的企業平均分數則只有十七．點二分，二者有明顯的不同。這項差異與其說是，企業只花一年時間就改善了人權的應對問題，倒不如說是**改善了與人權應對相關的資訊揭露，這對評分影響較大**。由於制定與評分的基準都是公開的，分為六大領域包括公司治理與政策、人權尊重與人權盡職調查、損害救濟與申訴機制、人權慣習、重大請願的應對、透明性，每家企業都可以看到自己每項得分多少、理由是什麼。至於每家企業的應對也可以從網站等一般管道的資訊揭露來確認符合哪些評分項目，這幾乎已經變成大家遵循的基準。換句話說，資訊揭露變成一個關鍵要素。

自二〇一七年開始列入評比的迅銷，從二〇一七年只有十幾分，到二〇一八年變成二十幾分、二〇一九年四十幾分，分數大幅進步。如前述，他們的人權應對確實有明顯的進展，但資訊揭露推波助瀾的效果不可小覷。

當然，要改善人權不是揭露資訊就可以了，應該是建立一個可以有效發揮人權盡職調查的系統，再適當地公布情報。人權應對只要伴隨著適當的資訊揭露，就能確保它的透明性，對於實效性也有正面的影響。目前企業人權基準的評分對象只鎖定人權侵害風險高的行業，未來將擴大行業類別目標納入的企業超過一千家，而且他們已經公開表示二〇二〇年的評分基準會加入汽車產業。希望這個舉動可以加快所有行業推動人權相關的應對。

人權應對的基準：KnowTheChain

KnowTheChain是由英國NPO Humanity United、工商企業與人權資源中心、ESG評等公司Sustainalytics、湯森路透（Thomson Reuters）形成的夥伴關係，自二〇一六年起針對企業對於強制勞動、人口販賣所做的應對措施評分，並公布基準的組織。

和企業人權基準一樣，KnowTheChain鎖定三種人權侵害風險高的行業進行評分，分別是資訊與通信科技、飲料食品、服飾鞋子，以二〇一八年來說，約有一百二十家公司成為基準評分對象㉘。到了二〇二〇年六月，資訊與通信科技領域又新增四十九家企業的最新評分（表6-6）。KnowTheChain會根據不同行業在不同的時機點公布結果。評價項目包含承諾與公司治理、可追溯性與風險評估、採購活動、徵才活動、勞動者的心聲、監控、救濟措施，一共七項。

以一百分為滿分，獲得壓倒性勝利的是拿到九十二分的愛迪達。愛迪達和前面耐吉的例子一樣，同樣是國際運動品牌，在供應鏈上應該也有相當大的人權風險，但可以看出來愛迪達一定是以耐吉為借鏡，盡可能擬定好所有對策，畢竟如此高的分數並非一朝一夕可以辦到。

這次有十三家日本企業列入評比對象，其中迅銷與亞瑟士（Asics）拿到四十多分獲得一定的評價。很遺憾地，相較於二〇二〇年第一次被列為評比就獲得三十六分的索尼，有些之前被評比過的企業依然還是拿零分。

一些國際高級服飾企業通通都在二十分以下。分數這麼低的原因之一在於這些企業礙於品牌形象，不敢完全揭露人權對策的資訊，但評分結果告訴我們，接下來時代的品牌建構方

表6-6 KnowTheChain在2018年、2020年的基準

分數	2018年（服飾、飲料食品）	2020年（ICT）
90～	愛迪達	
80～	露露檸檬	
70～	GAP、普萊馬克、印地紡	惠普企業
60～	聯合利華、家樂氏、可口可樂、H&M、耐吉、PUMA等	惠普、三星、英特爾、蘋果、戴爾
50～	雀巢、沃爾瑪、雷夫·羅倫馬球、Burberry等	微軟、思科系統
40～	**迅銷、亞瑟士**、安德瑪等	諾基亞、亞馬遜等
30～	達能、沃爾沃斯、康寶等	索尼等
20～	家樂福、好市多、好時、Michael Kors等	**日立、任天堂等**
10～	**三得利**、愛馬仕、LVMH、菲拉格慕	**村田製作所、東京威力科創、佳能、松下**、HOYA、**京瓷**等
0～	普拉達、**思夢樂**等	**基恩斯**等

出處：根據KnowTheChain 2018 & 2020 Benchmark製作

式在人們評估企業的價值上，未必是加分的做法。

就像提高ESG指數的評分不是應對ESG的目的，專注在提升人權應對基準的評分意義不大，但也不難想像，未來企業若無法考慮到包括供應鏈的人權，會被視為是無法長期提升價值的投資標的，將被投資人排除在投資對象之外。

「有責任的企業行動」新標準

前面提到企業的人權應對都是在供應鏈上游，也就是原料的採購方以及委外製造廠商的部分，但是供應鏈的下游也很容易發生人權侵害的情形。

也因此，現在國內外在討論工商企業與人權議題時，最受矚目的反而是廣告呈現、IT，特別是與人工智慧（AI）相關的話題。

假設供應鏈的工廠出現強制勞動的情形，雖然不是發生在自己生活周遭，但我們可以理解這是一則嚴重侵害人權的事件。相較之下，供應鏈下游的廣告會造成什麼影響，具體影響到哪些受害人，我們比較無法掌握，因此很難找出人權盡職調查的對象。不過以人權侵害的觀點來看，這個領域絕對不能忽視。

廣告呈現造成的人權侵害

最明顯的案例代表是義大利的品牌杜嘉班納（Dolce&Gabbana）的廣告。該公司在二〇一八年十一月推出預計用在上海時裝秀的宣傳廣告，片中一幕出現一位看似中國女性笨拙地使用筷子吃比薩的模樣。對此，在中國迅速爆發了種族歧視的批評聲浪，引來大量輿論抨擊。

再加上該公司應對這個問題有欠周詳，因此又引發另一波輿論抨擊，民眾發起大規模拒買運動，上海時裝秀也被迫中止。該公司在一夜之間失去中國這個龐大市場而且留下後遺症，導致杜嘉班納在中國市場的營業額停滯。

這個案例不只毀損杜嘉班納在中國的品牌價值，做為代表歐美的品牌之一，也顯露出歐美對中國或亞洲人抱持**無意識偏見**（unconscious bias）。

另一個例子是日本企業。二〇一九年一月日清食品在網路上播放的杯麵動畫廣告也引起一陣輿論撻伐。這部以網球選手大坂直美（Naomi Osaka）為主角的動畫因為把大坂直美的膚色畫得過白而引發眾論。日清食品雖然解釋，此舉是為了不破壞與這部廣告合作的《網球王子》世界觀，但也隨即停止播放這部動畫[29]。

我想日清的說明非常誠實，製作這部動畫的團隊大概也沒有惡意，而且迅速謝罪也能獲得一定的評價。但問題在於，這部動畫播放前一定經過公司內部一連串的審批，但卻沒有人提出異議，換句話說，這間公司尊重人權的意識尚未萌芽。

正因為廣告會接觸到大量的目光，所以更要小心內容是否植入了無意識的偏見。比如說，我們常看到家電、食品的廣告都是女性在做菜、做家事，男性只是坐著等吃飯。這種廣告敘事很明顯有性別刻板印象的成分，在歐美已經逐漸排除。認為女性就應該站在廚房煮飯，並對這樣的廣告呈現沒有異議的企業，會被國際社會用什麼樣的眼光看待呢？企業應該多加留意這一點。

人工智慧與人權

ＡＩ也可能無意識助長偏見，所以被列為工商企業與人權相關的討論對象。

舉一個稍久之前的例子，亞馬遜提供付費會員「亞馬遜Prime」的服務應該有很多人使用過。二〇一六年，彭博社（*Bloomberg News*）報導美國亞馬遜Prime提供的當日配送服務，把黑人較多的居住區域排除在外[30]。

對此，亞馬遜解釋，Prime會員集中的區域會被ＡＩ自動優先安排運送。換句話說，這是

ＡＩ根據大數據推算顧客動向的結果，由於Prime會員在低所得者較多的黑人居住區相對少，所以才會得到這種分配結果。之後亞馬遜修改演算法來解決配送落差的問題，但這更凸顯出潛藏在ＡＩ中的無意識偏見風險。

簡單來說，ＡＩ是透過機器學習（Machine learning）不斷進化的技術。從大數據收集各種資訊，從中歸納出模型並分析，然後做出最適合的解答。即使無法得到出生年月日、性別、人種等資訊，也可以從其他數據找出模型，比如說購買化妝品是多數女性共通的特徵，只要了解這個模型，即使資料中沒有輸入女性，還是可以根據這個特徵，讓某人登入網站時彈出化妝品的廣告視窗。

人力仲介服務也是運用相同原理，飛機駕駛員的工作就推薦給男性，秘書、櫃台工作則推薦給女性。還有，即使內容完全一樣的履歷表，ＡＩ也可以透過名字推測這是白人或黑人較常用的名字，然後給予白人較高的報酬。最可怕的是，正因為是無意識的偏見，所以就連使用者也感受不到歧視的結果。

當然不是ＡＩ本身抱持偏見，而是現實社會的偏見以某種形式輸入ＡＩ的結果。就像谷歌提供的圖片軟體「Google Photos」會把黑人的照片標註為「黑猩猩」的例子一樣[31]，ＡＩ是向人類「學習」，所以才會有助長偏見的風險。目前就此問題已經有很多討論，只是以現在的技術要如何防止事情發生，依然沒有答案。ＡＩ目前還只能從現實社會中認識模型並運用，無法自己思考，所以會毫不隱藏地呈現人類抱持的偏見。

在美國，ＡＩ開發是由前面提到的ＧＡＦＭＡ企業領導，因此活用ＡＩ的規則完全交由企業自主規範。另一方面，歐洲由歐盟主導的《具可信度之人工智慧倫理指引》（*Ethics Guidelines For Trustworthy AI*）於二〇一九年四月公布了。日本也追上歐洲的腳步，制定了《ＡＩ的七項原則》（以人為本的ＡＩ社會原則）（圖6-8）。

新冠疫情與人權

隨著技術的進化，可想見關於工商企業與人權的各種課題會不斷擴大，人們生活的方式、工作方式和行動模式正大幅度改變，企業保護人權的應對被要求得更複雜且細膩。同樣受注目的，還有新冠病毒的擴散對人權的影響。關於新冠疫情引發的負面連鎖效應，我在第一章的專欄已經說明過。在企業活動因為感染擴散而受到嚴重打擊的狀況下，企業要如何雇用勞工、守護人們的生活，並盡量減少人權帶來的負面影響，這些都是企業能夠提供給社會大眾的永續價值。也因時局如此，大家要求企業做出「負責任的行動」的強度，短時間內提

圖6-8 日本政府制定的AI的七項原則

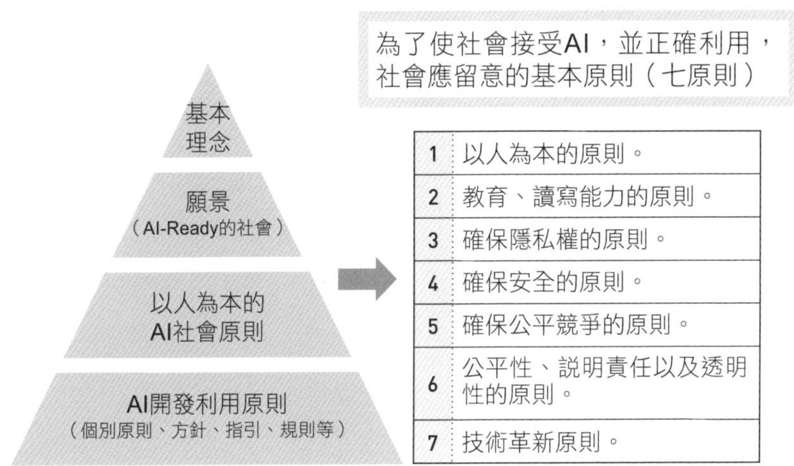

出處：根據以人為本的AI社會原則會議「以人為本的AI社會原則（草案）」製作

高了許多。

未來，面對與病毒共存的後疫情時代，工商企業與人權的責任與關係會被重新審視，社會大眾勢必會催促企業加快應對。比如說，以提升、普及日本對於工商企業與人權的實踐，促進企業尊重人權、與利害關係人對話與救濟為目的的「工商企業與人權律師網絡」（BHRLawyers），在二〇二〇年四月公布「新冠病毒擴散對人權的影響，以及企業活動在應對上的留意重點」調查報告[32]。在這份報告中提到，期待日本企業在新冠疫情危機後能符合社會期待並採取負責任的企業行動，他們還整理出十項行動擬定一份計畫稱為「新冠疫情危機後，為了打造更美好的社會，促進關於革新且負責任的企業活動基本行動（又稱COVID-19 & BHR 基本行動）」（圖6-9）。

此外，機關投資人也開始要求企業做出負責任的行動。二〇二〇年四月，全世界有五十幾個國家的年金基金以及資產管理公司等機構投資人參加，總共管理五十四兆美元資產的「國際公司治理網絡」（International Corporate Governance Network，ICGN），針對企業經營者以「新冠疫情蔓延下公司治理的優先課題」（*Governance Priorities During the Covid-19 Pandemic*）為題，發表了一封公開信[33]。封信主旨是，在新冠疫情蔓延中，呼籲企業應對於這個全球規模等級的新情勢提供協助，像是確保員工的安全與福利，另外比起董事報酬與配股，企業應優先維持長期財務的健全性與穩定性。機構投資人以全球性的規模表明，允許企業為了員工的權利減少配股，這些動向都值得注意。

前述的企業人權基準和KnowTheChain也有新動作，關於二〇二〇年的基準，為了減少企業負荷，除了限定評分項目，還特例加入了與新冠疫情相關的人權應對項目。結果一些小型企業不僅提高了分數，還比對人權問題認真投入並已完成資訊揭露的企業還高分。

關於後疫情的復興，最常聽到的口號就是「Build Back Better」（重建美好未來）。企業應該重新看待過去認為理所當然的供應鏈恩惠，重新意識到自己應肩負的社會責任。

圖6-9「COVID-19 & BHR基本行動」建議的十項行動

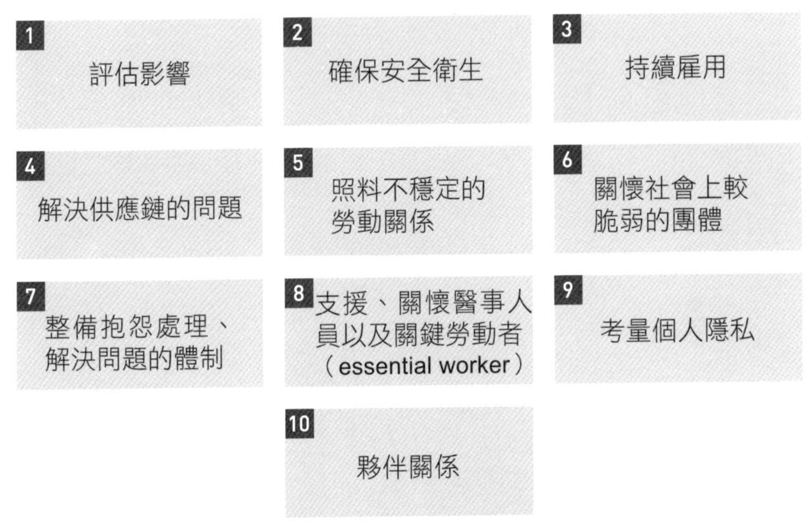

出處：根據工商企業與人權律師網絡「COVID-19 & BHR基本行動」製作

所謂的人權，應該最優先考量到人的營生手段，顧慮到人應有的存在狀態。特別是在社會更脆弱的情況下，小孩、高齡者、女性、身障者、外國人等更容易受到負面影響，所以企業尊重人權這件事正是SDGs所追求的理想世界。

參考文獻：

1. 有人會把產品、服務供給的流程稱為供應鏈，價值的流程稱為價值鏈分開說明，在本章則是從企業生產的產品、提供的服務到消費端、廢棄等，中間過程所有利害關係人的關係都稱為供應鏈。
2. 外務省「世界人權宣言（暫譯）」https://www.mofa.go.jp/mofaj/gaiko/udhr/1b_001.html
3. 約翰．羅傑．魯吉的《正義商業》（Just Business: Multinational Corporations and Human Rights，日本由岩波書店於二〇一四年出版）
4. 聯合國開發計畫署二〇一五年十一月公布「以人權為基礎的發展途徑」https://www.undp.org/content/undp/en/home/librarypage/democratic-governance/human_rights/a-human-rights-based-approach-to-development-programming-in-undp.html
5. 聯合國新聞中心二〇一一年三月報導「工商企業與人權相關的指導原則：為了施行聯合國（保護、尊重、以及救濟）的機制」https://www.unic.or.jp/texts_audiovisual/resolutions_reports/hr_council/ga_regular_session/3404/
6. QUICK ESG研究所「工商企業與人權的現況」https://www.esg.quick.co.jp/event/1113
7. 後來英國在二〇一六年發表修訂版的《國家行動計畫》
8. 工商企業與人權的國家行動計畫https://globalnaps.org/
9. 在亞洲，韓國在二〇一八年發表《人權國家行動計畫》裡面有一章與「工商企業與人權」相關，但尚未制定「工商企業與人權的《國家行動計畫》」
10. 《現代奴隸制法案》https://www.modernslaveryregistry.org
11. 全球奴隸制指數https://www.globalslaveryindex.org/
12. 同注10
13. 聯合國人權事務高級專員辦事處（About the UN Forum on Business and Human Rights，OHCHR）https://www.ohchr.org/EN/Issues/Business/Forum/Pages/ForumonBusinessandHumanRights.aspx
14. 二〇一六年十一月十六日，在日內瓦國際機構日本政府代表部門「第五回聯合國工商企業與人權論壇、工商企業與人權相關的指導原則相關國家行動計畫專題會議，志野光子大使的聲明」https://www.geneve-mission.emb-japan.go.jp/itpr_ja/statements_rights_20161116.html

15. 外務省二〇一八年十二月發表「與〔工商企業與人權〕相關的指標性研究報告書」https://www.mofa.go.jp/mofaj/files/000433657.pdf
16. 外務省二〇一九年七月發表「我國關於工商企業與人權的國家行動計畫制定」https://www.mofa.go.jp/mofaj/files/000502531.pdf
17. 外務省二〇二〇年二月發表「關於〔工商企業與人權〕行動計畫草案」https://www.mofa.go.jp/mofaj/files/100005380.pdf
18. 在工商企業與人權《國家行動計畫》公民社會系統平台的網站中，有刊登主要公民團體的公眾意見一覽表https://www.bhr-nap-cspf.org/recommendation/pc2-0/日本律師聯合會的意見書也同樣參照該網站https://www.nichibenren.or.jp/document/opinion/year/2020/200317.html
19. 聯合國工商企業與人權相關作業部會於二〇一六年十一月提出最終版「工商企業與人權相關國家行動計畫的指南（Guidance on National Action Plans on Business and Human Rights）」，在這裡簡稱為「國家行動計畫公司治理」。目的是針對《國家行動計畫》的制定、實施、更新的各階段提出建言，不光給政府，也希望成為「所有相關利害關係人的參照指南」
20. 這裡指的是有別於法院，專門提供人權侵害的救濟管道以及推動人權保障，能簡易、迅速處理人權侵害問題的國家機構，是為了確保聯合國要求世界各國的人權基準能落實在國內並加以實施的系統之一。全世界各國已經有一百一十個國家設置人權機構，但日本還沒設置。
21. 國際勞工組織駐日事務所二〇二〇年六月二日發表「在工商企業與人權相關的國家行動計畫發表之前，利害關係人延續去年，提出第二次的共同請願事項」https://www.ilo.org/tokyo/information/pr/WCMS_746756/lang--ja/index.htm
22. 丹麥人權研究所二〇一八年發表「在工商企業與人權相關的國家行動計畫：：二〇一三～二〇一八年計畫分析」（National Action Plans on Business & Human Rights: An Analysis of Plans from 2013～2018）
23. 二〇一五年一月「位於中國境內優衣褲外包工廠的勞動環境調查報告書」（Students & Scholars Against Corporate Misbehaviour）http://hrn.or.jp/activity2/ユニクロキャンペーン報告書%20日本語%20150113.pdf
24. Human Rights Now二〇一五年四月發表「【聲明】柬埔寨縫製產業違法的壓榨勞力狀況橫行，政府以及國際品牌應該要起責任」https://hrn.or.jp/activity/2144/
25. 迅銷公司二〇一五年七月發表「改善外包工廠勞動環境的進度」https://www.fastretailing.com/jp/sustainability/news/1507311700.html
26. 英國衛報二〇一四年六月十日揭露「亞洲奴隸勞工為美國、英國的超市生產蝦」（Revealed: Asian slave labour producing

prawns for supermarkets in US, UK）https://www.theguardian.com/global-development/2014/jun/10/supermarket-prawns-thailand-produced-slave-labour

27. 企業人權基準二〇一九年報告https://www.corporatebenchmark.org
28. KnowTheChain 二〇一八年報告https://knowthechain.org/benchmarks/
29. 日清食品二〇一九年一月三十日說明「關於與《網球王子》的合作企畫」https://www.nissin.com/jp/news/7532
30. 彭博社二〇一六年四月二十一日揭露「亞馬遜不重視客戶的種族，應該嗎？」（Amazon Doesn’t Consider the Race of Its Customers. Should It?）https://www.bloomberg.com/graphics/2016-amazon-same-day/
31. 英國衛報二〇一五年七月一日刊登「谷歌對照片應用程式中的自動種族標籤表示抱歉」（Google says sorry for racist auto-tag in photo app）https://www.theguardian.com/technology/2015/jul/01/google-sorry-racist-auto-tag-photo-app
32. 工商企業與人權律師網絡二〇二〇年四月二十七日發表第一版「新冠肺炎傳染病擴散對人權的影響，以及企業活動在應對上的留意點」https://www.bhrlawyers.org/covid19
33. 國際公司治理網絡於二〇二〇年四月二十三日發表「新冠疫情蔓延下公司治理的優先課題」https://www.icgn.org/sites/default/files/6.%20ICGN%20Letter%20to%20Corporate%20Leaders%20All%20translation.pdf

透過個體的確立、互相尊重、共同擁有相同的目的，打造出一支強大的團隊——日本橄欖球代表隊（2019年世界杯）

照片：路透社/aflo

第7章

邁向實現SDGs的多樣性與包容性

多樣性&包容性是SDGs不可或缺關鍵字

最近愈來愈多企業認為「多樣性&包容性」是經營上很重要的課題。然而，能正確理解這兩個詞彙本質意義的人可能不太多。

多樣性（diversity）的意思是「有各種差異存在的狀態」。所謂的差異不只是性別、人種、身體能力、宗教、階級等社會屬性，還包括知識、經驗、能力、價值觀等看不見的差異。

這些差異「因人而異」，被視為個人獨特的「個性」，而當「個性」被尊重且充分發揮就稱為「包容」（inclusion）

那麼，所謂的多樣性&包容性（以下簡稱D&I）和SDGs之間有什麼樣的關係呢？其實，SDGs中並沒有多樣性的目標。但另一方面，在《二〇三〇可持續發展議程》的序言中多次出現生物多樣性、遺傳多樣性、自然和文化多樣性等文字表現。至於「包容」

和「包容性」在整篇文件中多次緊接在「永續性」後面出現。換言之，在SDGs之中，D&I是不可或缺的關鍵字。

在思考SDGs與D&I的關係時，最重要的是序言第二段所宣稱的「**不遺漏任何人**」的決心。如同在第一章說過，這個理念背後隱含兩種意義。

一個是尊重多樣性。在身心障礙者、性少數、少數民族、女性、高齡者等結構上，以及社會較弱勢人群，也應該要平等地參與社會活動。

另一個是消除不平等與階級分化。為了消除從MDGs時代開始擴散的階級分化，打造一個每個人都能參與的世界，因此才把MDGs時代沒有的「減少國內及國家間不平等」做為一個獨立的目標。

本章我會詳細說明，在談SDGs時非常重要的D&I概念為何對打造永續社會或企業來說是不可或缺的要素。在思考什麼是D&I的世界之前，我們必須先從落差、不平等開始深入思考❶。

富者愈富、貧者愈貧的世界

在二〇一三年出版的全球暢銷書《二十一世紀資本論》（*Le Capital au XXIe siècle*）中，作者托瑪．皮凱提（Thomas Piketty）指出，當從資本獲得的收益率愈高於經濟成長，財富就愈會集中在資本家手中。回溯過去二百多年的數據分析，相較於資本收益率（r）平均年成長五%，經濟成長率（g）年成長只有一%至二%，經濟不平等狀況加劇的現象可以用「r＞g」這個非常簡單的不等式來說明❷。

誠如大家所知，很遺憾這個世界充滿著落差與不平等的情況。根據樂施會（Oxfam）在二〇一七年提出的報告書《屬於九九%人類的經濟》（*An Economy for the 99%*），富人與窮人的差距已經擴大到前所未有、難以想像的地步。一%富裕階層所擁有的財富超過其他九九%人的所有財富，八位世界最富有者的總資產，相當於底層經濟最不富裕的三十六億人口、約占世界人口一半加總起來的財產，這就是現在世界的不平等狀況❸。

對於富者愈富、貧者愈貧的結構，大概玩過「大富翁」桌遊的人都可以感同身受的吧。這個遊戲很簡單，玩家要做的就是買下遊戲盤上的「不動產」向其他人收取租金。一開始玩的時候，大家都滿心期待，但過沒多久玩家會區分成持有不動產和沒有不動產的人，最後財富會全部集中在一個人手中。如果運氣不好自己沒有不動產，就只能一直支付他人租金，最後還要拿出少得可憐的土地做抵押，陷入這種狀態的玩家心裡一定很苦惱，如果是小孩子在玩，通常就說「我不玩了」然後退出遊戲。

大富翁的遊戲規則正是因為沒有累進課稅這類所得重新分配的機制，才會使得財富全集中在有不動產的人手上，但一開始的時候大家確實是平等的。一開始所有玩家分配到的金額都一樣，每個人都是從零開始。但現實社會並非如此，每個人出生的起點完全不同，從呱呱落地那一刻的環境開始，就已經分成有資產的人和沒資產的人。也就是說，這個人生遊戲是在非常不公平的狀態下開始。決定經濟結果的主要因素是父母有沒有持有資產，也就是家庭環境影響很大，其他包括國家、地域、性別、膚色、身體特徵等環境或遺傳因素也會大大左右人的一生。

機會不平等與社會流動性

關於這一點，在美國的大學進行的「特權遊戲」極富啟發性。學生在操場集合排成一列，接著被告知「接下來要比賽賽跑，贏的人可以獲得一百元美金」。在跑之前，老師會問幾個問題，符合條件的人可以往前走兩步，不符合的人留在原地：

「雙親現在還是已婚狀態的人往前走兩步」

「在有父親的家庭下成長的人往前走兩步」

「中學就讀私立學校的人往前走兩步」

「父母有幫你請過家教的人往前走兩步」

「從沒擔心過手機會被停話的人往前走兩步」

「從沒給過父母經濟上支援的人往前走兩步」

「就算沒有獎學金，也不用擔心繳不起學費的人往前兩步」

「從未擔心沒飯吃的人往前兩步」

這個時候，老師叫站在前面的學生回頭看：「位置在前面的人比後面的人更有可能贏得一百元美金對吧。但是你們從沒發現，同樣是競爭，你們的起點比別人站的更前面。」老師說完這些話後，這個遊戲就結束了❹。

出發的起點不平等又稱為**機會不平等**。教育是消除這種不平等的最大投資，尤其是高等教育投資效益極大。在美國，大學畢業生的平均年收入比沒有大學學歷的人多一倍。統計顯示，大學畢業生的平均年收，男性是八萬一千三百五十四美元（約新台幣二百二十萬元），女性是六萬零六十九美元（約新台幣一百六十萬元），相較之下，沒有大學學歷的人平均年收分別是四萬二千二百九十八美元（約新台幣一百二十萬元）與三萬二千八百二十五美元（約新台幣九十三萬元）❺。參加這個實驗的大學生之間，雖然存在各種不同的貧富落差與不平等，但只要讀完大學就能比沒讀大學的人得到更多的機會。

教育產生最大的效果是**社會流動性**（Social Mobility）。生長在貧窮家庭的人因獲得獎學金而上大學念書後來成為醫生，也就是說貧窮出生的人還是有機會可以往上層流動，這就是社會流動性的概念。近年，社會流動性開始出現指標化的趨勢，被用來判斷一個社會是否能實現自由平等的依據之一。如果有很多機會往比自身階層更高的地方流動，就表示社會流動性高，更容易實現自由平等的價值，根據二〇二〇年世界經濟論壇發表的調查，丹麥、挪威、芬蘭等北歐各國名列前茅，但日本在八十二個調查國中排十五名❻。

現今世界面臨的問題之一是社會流動性的停滯。根據二〇一二年經濟合作暨發展組織的調查報告書，經試算，貧窮家庭出身的小孩想要達到平均所得，至少要經過五個世代或一百五十年的時間。換句話說，不管那個人多麼努力，到他孫子那一代還是處於貧窮。該報告書使用了「黏糊地板（sticky floor）」和「黏糊天花板（sticky ceiling）」這樣的形容詞來表達，社會最底層與最上層的人會長期留在同樣的位置，而中間層的人則是七個家庭中就有一個家庭有往貧困階層下移的風險❼。

持有者歧視非持有者的結構

當社會階層複製造成所得落差加大的話，會發生什麼事？二〇一三年加州大學的社會心理學家保羅．皮夫（Paul Piff）做了一個非常有趣的研究。前面我們提到大富翁的例子，玩家一開始都被分到一樣多的錢。但皮夫改變遊戲規則，學生一開始玩的時候就已經存在不平等的狀況。

他把學生配對分成一百組，每一組的其中一人是「只要擲骰子就好的有錢人」，而且還是用兩個骰子玩遊戲，並規定有錢玩家一開始就能比對手多分到一倍的錢。一開始當有錢人的學生是一邊苦笑一邊玩遊戲，沒多久他對對手的態度變得傲慢無禮。因為遊戲的設定，扮演有錢人的玩家一定可以大量購買土地、公司，而對手則是幾乎沒辦法投資不動產，其實勝負是固定的，但沒想到占優勢的玩家會有一種「我會贏是因為我很優秀」的錯覺，開始看不起輸家。皮夫觀察過數千名實驗者的行為得出一個結論：「人只要得到愈多財富，慈悲心和同情心就會下降，而且對於權利意識與自我利益的觀念會增強。」❽

這項發現，和孕育出社會弱勢的結構一模一樣對吧？上層的人深信自己的優勢來自於自身的努力，認為那些無法爬到上層的人都是因為「能力不足」，因此輕視、瞧不起比自己地位低下的人，這和上述遊戲的結構不是一樣嗎？社會弱勢被歧視，幾乎可以說是來自強者的自以為是。

人權概念是SDGs的基礎

如此看來，人類社會果然還是不平等，這幾千、幾萬年來，人類正是以此不斷重複著不甘心的感覺。所以人權概念主張至少要做到「生來機會平等」這點。

在第六章已經說明了人權的概念，而尊重人權的想法就是SDGs的基礎。在《二〇三〇可持續發展議程》宣言的第八段寫著願景是「打造一個尊重人種、民族、文化的多樣性，滿足最弱勢族群需求的世界」。SDGs是由十七項目標、一百六十九項指標組成，如果全部達成的話，這個世界就會如同上面描述的狀況。在這個願景的最後一段，提到「**充滿社會**

圖7-1 充滿社會包容性的世界

《二〇三〇可持續發展議程》宣言第8段

我們要創建一個普遍尊重人權和人的尊嚴、法治、公正、平等和非歧視，尊重種族、民族和文化多樣性，尊重機會均等以充分發揮人的潛能和促進共同繁榮的世界。一個注重對兒童投資和讓每個兒童在沒有暴力和剝削的環境中成長的世界。一個每個婦女和女童都充分享有性別平等和一切阻礙女性權能的法律、社會和經濟障礙都被消除的世界。一個公正、公平、容忍、開放、有社會包容性和最弱勢群體的需求得到滿足的世界。

（譯註：譯文參考聯合國官方網站中文版《變革我們的世界：2030年可持續發展議程》，https://www.un.org/zh/documents/treaty/files/A-RES-70-1.shtml）

包容性的世界」（圖7-1）的說法。

如同第六章談到的，人權架構是人類有史以來所能思考出最厲害的商業模式。因為只要透過主張所有人都擁有權利，就能產生同等份量的龐大義務。換句話說，人權的體系正好可以用來彌補人類社會的不平等或不合理之處，也是支持ＳＤＧｓ整體的重要概念，與十七項目標密切相關。

人權絕對是思考Ｄ＆Ｉ時最重要的要素，但另一方面，我們也可以從「經濟合理性」的角度來掌握性別平等與Ｄ＆Ｉ相關目標的達成度。

推動多樣性能影響企業的存續

前面提到權利的基礎，也就是人生來應該擁有什麼樣的權利。但現在還有另外一條路線，從經濟的合理性來推動，簡單來說就是「多樣性愈豐富的組織或企業存活力愈強」，所以讓我們一起來推動吧。許多企業都會對外宣稱把「多樣性」做為重點項目來投入，但我想應該有很多經營者每天都在問自己：「多樣性真的能賺錢嗎？」

「注重個人的能力與特質能使組織變得更強大」，這種以D&I為出發點的企業觀點成為主流也不過近十年的事。各家企業聘雇的動機從「歧視是不對的事情，而且有法律規定，所以要雇用各式各樣的人」的消極態度，轉變成「愈多樣的人一起共事，可以讓組織有強大的適應力，更容易產生新的點子」的積極態度。

事實上，多樣性較高的企業確實比其他企業的業績成長更快，而多樣性較低的企業容易失去優勢的證據也愈趨明顯。根據麥肯錫在二〇一九年調查了十五國、一千家以上的企業，在平等、民族、文化上多樣性較高的企業，其利益率都高於各業界的中間值。比如說，根據統計在民族、文化上多樣性前二五％的企業，平均利益率比業界的中間值還高出三六％❾。

投資人開始要求企業提供D＆I相關資訊與數據後，各界企業順應這股趨勢紛紛提出新的對策。二〇一八年的公司治理規章修改過後，追加了董事會的組成必須「加強包括性別和國際性等多樣性」等記述，高盛資產管理公司（Goldman Sachs Asset Managemen）、道富環球投資管理（State Street Global Advisors）等世界數一數二的資產管理公司，在自家行使表決權的章程中規定，「反對董事之中沒有女性成員的公司所做的董事選任議案」。再加上，現在連一般股東都開始要求企業說明聘僱女性的具體作為與進展。不誇張地說，推動多樣性對企業來說已經不是選項，而是能否存續下去的問題。

日本過去高度經濟成長動力來自高同質性

日本的企業文化是建構在戰後技術革新帶來的同質性上。高度經濟成長期，特別是在六〇年代到八〇年代，日本企業走向高技術力、低成本化、小型化，也就是說，同樣的一群人透過長時間勞動，就能大量製作出相同品質的產品，當時日本就是用這種商業模式席捲全世界。完整體驗過這段經歷的團塊世代以及其後的世代，好像把這種成功體驗深深烙印在基因上一樣，陷入無法自拔的狀態。他們根深蒂固地認為，二十四小時辛勤勞動就能創造出價值。但這種只參照過去成功經驗的想法，已經無法應付現代消費者或顧客的多樣需求。

再者，有些人會以為同質性高、如同磐石一般堅固的組織做決策才會果斷明快，如果董事會加入女性成員決策一定會變慢，很多男性心中一定覺得：「如果找女性加入討論，一定會意見很多，事情變得更麻煩。」但在這裡，我希望大家一起跟我思考「同質性」的可怕之處。

均質的風險

單看生物界就能一目瞭然，無論是性別分成雄性或雌性，血液分成AB、O、B、A型，這都是生物為了生存下去的避險策略（圖7-2）。透過這些分歧，無論病原體攻擊哪一種類型，都有其他類型的人能存活下去，藉此超越自然淘汰的機制，可說是基因的智慧。

就這個意義來看，至少在生物學上均質會帶來極大的風險。有不少企業全由男性成員來做決策，在均質性高的組織無形中會有非常強大的同儕壓力。比如說，很少有人敢在決策會議上說：「社長，我覺得這樣做不對。」結果就是，在沒有在多元角度下討論問題直接做出

圖7-2 多樣性可迴避風險

雄性和雌性

雄性和雌性存在的理由，最有力的學說是，為了適應環境的變化讓多樣的族群能存續下去。

▼

事例 因男女性別不同，容易罹患的疾病也不同

性別	容易罹患的病
男性	胃部的惡性腫瘤、結腸・直腸的惡性腫瘤、氣管・支氣管・肺部的惡性腫瘤、慢性腎臟病、糖尿病、心臟病、慢性肺阻塞
女性	乳房的惡性腫瘤、血脂異常症、情緒障礙、阿茲海默症、高血壓、氣喘、牙齦炎・牙周病

血型

根據血型不同，容易罹患的疾病也不同，有多家官方機構提出這樣的學說。

▼

事例 人因血型不同，容易罹患的疾病也不同

血型	容易罹患的病
A	胃癌、唾液腺癌等
B	脾臟癌、糖尿病、肺炎等
O	皮膚癌、胃潰瘍、十二指腸潰瘍等
AB	心臟病、認知障礙、流感等

出處：厚生勞動省於平成29年（2017年）患者調查概況、久住英二《看你的血型就知道你容易得什麼病以及對策》（暫譯）（扶桑社2019年出版）。

決策，這非常危險。

日本發生過最大規模的財報做假，莫過於奧林巴斯（Olympus）的財報舞弊事件，整個組織連續十年隱瞞了將近一千億日圓虧損，追究財務舞弊的外籍總裁還被提早解雇掀起很大的風波，事件到最後演變為刑事案件，甚至還引發下市的危機。後來有雜誌採訪奧林巴斯員工，聽到他說出這句話就知道該公司的同儕壓力有多大。

「我們公司的作風就是不要有意見。[10]」

維持多樣性真的會變強嗎？

前面我們談過均質性對組織帶來的風險，但另一方面也要思考，維持多樣性真的會變強嗎？

關於這個問題歐美早已做出結論。這和改變世界的世代更迭有關。賴利・佩吉（Larry Page）和謝爾蓋・布林（Sergey Brin）創辦谷歌的時候才二十五歲，亞馬遜的傑佛瑞・貝佐斯（Jeffrey Bezos）是三十一歲、臉書的馬克・祖克柏（Mark Zuckerberg）是十九歲、YouTube 賈德・卡林姆（Jawed Karim）是二十五歲、蘋果的史蒂夫・賈伯斯（Steven Jobs）是二十一歲，他們創業時都相當年輕[11]。這些年輕人以嶄新的價值觀形塑新的企業文化逐漸成為主流。

這些企業的員工在成年之前生長在Windows 95發售、網路快速普及，也就是一九九五年之後，在二〇二〇年大概都是未滿四十歲的「千禧年世代」。到二〇二五年，千禧年世代將占全世界勞動人口的七五％，這些從小身邊被數位機器圍繞、透過社群媒體接觸各式各樣價值觀長大的人，對多樣性的指向性很高，而且希望能透過自身的工作，對形塑更好的社會和世界有所貢獻[12]。這些人未來將主掌企業方向，勢必會從根本徹底地改變過往的企業價值與工作方式。

日本也受其影響，像是分享經濟或副業等新的創造經濟方式。再加上新冠疫情的影響，遠距工作模式快速增加，使工作方式多樣化得到大幅度的進化。但日本的經營者現今仍把推動多樣性單純當成一種選項，改變的動機大多像是「為了改善眼下的狀況」「已經是VUCA的時代了，必須因應變化」等，把推動多樣性當做一種對策，打算漸進式地一步步地改變。

但我要明講，這種地殼變動式的不可逆改變已經發生。即使是少子高齡化嚴重的日本，二〇二五年千禧年世代仍占勞動市場比例一半以上。不僅如此，許多日本企業的經營階層經歷過泡沫經濟、日本第一的時代，仍抱持著二十四小時工作才能打勝仗，宛如由一群以古代武士為中心組成的組織。現在日經指數的二百二十五家企業的社長平均年齡為六十八．一歲，東證股價指數的一百家企業社長平均年齡是六十九．三歲。以二〇一九年這個時間點來看，日經和東證兩邊只各出現一位女性會長或社長，分別是DeNA公司的代表取締役會長南場智子，以及趨勢科技的陳怡樺[13]。對日本的企業經營來說，推動經營團隊的多樣性絕對是當務之急。

性別平等是SDGs的槓桿點

性別平等與女性賦權是推動SDGs時非常重要的槓桿點。性別平等與其他所有目標都有關，藉由讓占世界一半人口的女性平等地參與社會規畫，就能直接地幫助解決包括貧窮、教育、保健等所有課題。

關於這一點，在《二〇三〇可持續發展議程》宣言的第二十段中講得很清楚：「實現性別平等和增強婦女和女童權能將大大促進我們實現所有目標和具體目標」。在後面接著說：「如果人類之中有一半人仍然不能充分享有人權和機會，就無法充分發揮人的潛能和實現可持續發展」（圖7-3）。否定女性活躍的社會將使得人類潛能的一半處於沉睡狀態。

根據世界經濟論壇的「二〇二〇年性別落差指數」排名，全世界一百五十三個國家中，日本排一百二十一名。有許多調查和分析顯示，如果日本能讓女性活躍於職場GDP可望大幅增加（圖7-4）。根據二〇一八年麥肯錫報告的預測，若日本讓更多女性參與勞動市場，並增加

圖7-3 SDGs的性別平等

《二〇三〇可持續發展議程》宣言第20段

實現性別平等和增強婦女和女童權能將大大促進我們實現所有目標和具體目標。如果人類中有一半人仍然不能充分享有人權和機會，就無法充分發揮人的潛能和實現可持續發展。婦女和女童必須能平等地接受優質教育，獲得經濟資源和參政機會，並能在就業、擔任各級領導和參與決策方面，享有與男子和男童相同的機會。我們將努力爭取為縮小兩性差距大幅增加投入，在性別平等和增強婦女權能方面，在全球、區域和國家各級進一步為各機構提供支持。將消除對婦女和女童的一切形式歧視和暴力，包括通過讓男子和男童參與。在執行本議程過程中，必須有系統地顧及性別平等因素。

（譯註：譯文參考聯合國官方網站中文版《變革我們的世界：2030年可持續發展議程》，https://www.un.org/zh/documents/treaty/files/A-RES-70-1.shtml）

圖7-4 預測日本若能讓女性活躍於職場GDP將大幅增加的調查和分析

國際貨幣基金組織（International Monetary Fund，IMF）作業文書（2012年10月）	「日本的女性勞動參與率若能提升到其他G7國家的水準，人均GDP可以比基準值上升4%。若女性勞動參與率提升到北歐水準，人均GDP可以上升到8%」
經濟合作暨發展組織報告書（2012年）	日本的女性勞動參與率若與男性相當，到2030年之前勞動力都不會減少。若能消除勞動參與率的男女落差，**未來二十年日本的GDP將增加近20%**。
麥肯錫報告書「平等的力量」（*The Power of parity*，2018年4月）	若能讓更多女性參與勞動市場，並增加勞動時間，讓女性發揮領導能力，**到2025年日本的GDP將提升35兆日圓，增加6%**。
高盛報告「Womenomics 5.0」（2019年4月）	若能消除男女就業率落差，而且勞動時間落差達到經濟合作暨發展組織的平均值，**日本的GDP可能推升15%**。而且女性管理職比率較高的日本企業**銷售增長率或自有資本率都較高**。

勞動時間讓女性充分發揮領導能力的話，二〇二五年日本的GDP可望增加六%[14]。高盛也在二〇一九年的報告書中分析，若日本可以消除男女就業率的落差，再加上勞動時間落差達到經濟合作暨發展組織的平均值的話，日本的GDP就有可能推升一五%[15]。

日本雖然大聲疾呼女性活躍、男女共同參與的女力經濟學（womenomics）口號，但性別平等的觀念卻毫無進展。雖然許多企業會聘僱女性獨立董事，或是錄用公司外部有工作經驗的女性擔任管理職，試圖提高女性在董事和管理職所占的比例。但太過拘泥於這種措施反而導致企業不積極改變阻撓推動多樣性的心態，這就是日本企業的現狀。企業認為只要達到女性管理職比例或補助金的規定數字就算解決問題了，而對於改變更本質性的刻板印象或偏見等價值觀似乎興趣缺缺。

日本提倡男女共同參與始於日本政府批准聯合國一九七九年的決議《消除對婦女一切形式歧視公約》（*The Convention on the Elimination of all Forms of Discrimination Against Women*），於是一九八五年通過《男女雇用機會均等法》。但過了三十五年後的日本社會仍認為，「男性工作，女性顧家」的性別角色分配沒有改變。許多促進性別平等的政策並沒有獲得成效，最大的阻礙來自於根深蒂固的觀念與社會規範，以及基於二者所設計的制度。

雙薪家庭增加，但「家務分工」仍存在龐大落差

家喻戶曉的知名漫畫《海螺小姐》和《多啦A夢》中，都是由母親負責家務，父親外出工作，描繪出昭和時代一般的家庭樣貌。但一九九七年的現實情況是，雙薪家庭的比例已經超越單薪家庭，現在日本的雙薪家庭約占七成[16]（圖7-5）。

圖7-5 雙薪家庭戶數的變化

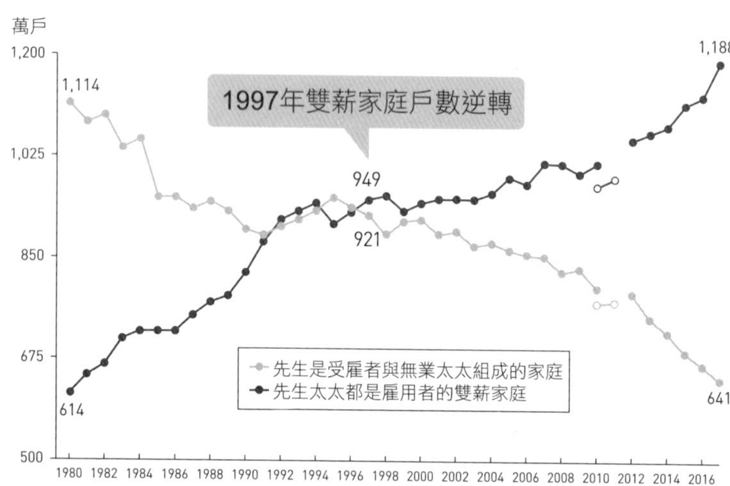

出處：根據內閣府男女共同參與局「平成30年版男女共同參與白皮書」，部分增添製作

根據二〇一六年總務省最新的調查，家中有未滿六歲孩童的情況下，太太一週要花三個小時七分鐘做家事，花三小時四十五分鐘育兒。相對地，先生做家事的時間每週僅有十七分鐘，育兒只有四十九分鐘[17]（圖7-6）。以家庭成員為夫妻加上孩子（包含六歲以上）的家庭來說，太太是家庭主婦的話，先生平均一週花五十分鐘幫忙做家事、帶小孩，而雙薪家庭的先生平均一週則花四十六分鐘。換句話說，現實是無論是不是雙薪家庭，男性參與家事和育兒的時間都很少，到目前為止這仍是一般日本的家庭樣貌。

許多企業推動女性活躍的政策，大多是獎勵女性縮短勤務時間、設置討論

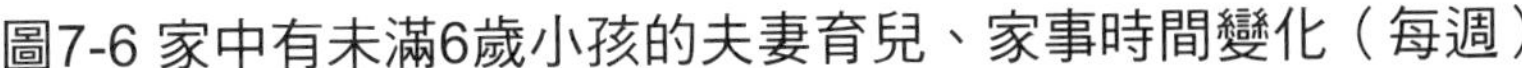
圖7-6 家中有未滿6歲小孩的夫妻育兒、家事時間變化（每週）

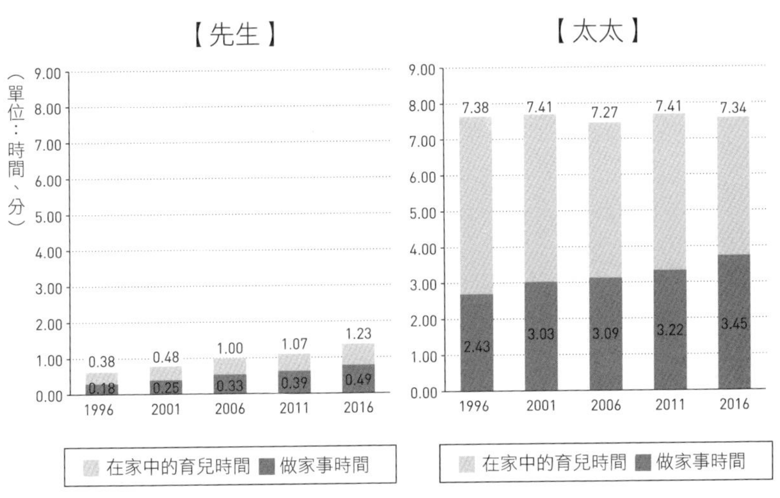

育嬰假的窗口、女性員工結束育嬰假回到工作崗位後減輕她的業務負擔，換句話說，這樣的支援是由女性負擔家務且育兒為前提的「兼顧支援」為主。這些政策當然很重要，過去女性在結婚、生產時期就業率會暫時下降，等到育兒告一個段落又會再回升，也就是所謂的M字曲線，近年情況已獲得改善，這得歸功於職場提供了充足的兼顧支援⑱（圖7-7）。

只是重回工作崗位的女性大多被減薪、縮短勤務時間、轉為計時人員或約聘等非正職人員也是事實⑲。再者，請育嬰假時加薪和考績的計算就會停止，以同年齡、同為正職員工來說，這段時間公司內的男女員工薪資就會出現落差。在本章的前半有提到美國大學

圖7-7 各世代M字曲線的變化

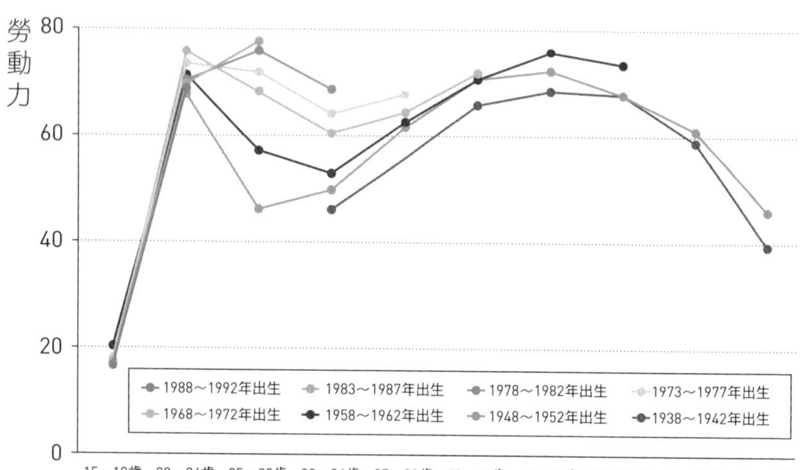

出處：根據內閣府男女共同參與局「女性各年齡層勞動參與率的世代特徵」製作

畢業男女的平均年收，而日本的平均薪資則是男性五百四十五萬日圓（約新台幣一百四十萬），女性為二百九十三萬日圓（約新台幣七十一萬）。男女性的薪資差異在二十幾歲時差異並不大（女性約為男性的八成），但三十歲以後差距拉開，到了五十歲以後，女性的薪資大約只剩男性的一半[20]。

即使M字曲線已有改善，但女性懷孕、生產後的離職率依然很高，約半數的女性不得不選擇離職（圖7-8）。其中最主要的理由是「勤務時間無法配合」「體力不夠」「無法兼顧工作」「公司沒有育嬰假制度」「找不到托兒所」，從趨勢中可看出最多人填選的理由是無

圖7-8 第一胎出生前後，太太的就業變化

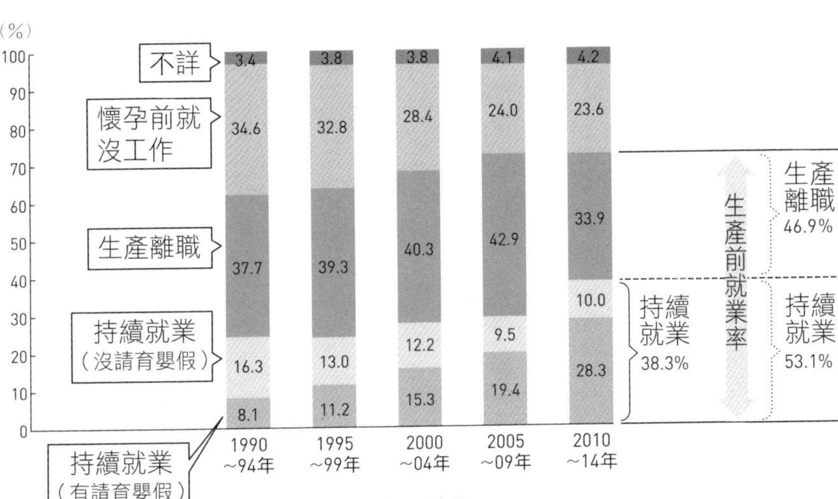

出處：根據國立社會保障・人口問題研究所「第15回出生動向基本調查（夫婦調查）」（2015年製作）

法兼顧工作[21]（圖7-9）。而且在婚後由女性為主做家事的狀況下，一週還要再加上四個小時的育兒時間，也難怪她們會回答「時間不夠」「體力不夠」。

在過去，先生長時間勞動，太太在背後支持是一般常見的景象，不過最近男性的觀念也開始出現變化。根據內閣府的調查，想要取得育嬰假的男性超過三成，二十幾歲的男性認為做家事和育兒是「太太的責任」的觀念已經降到三○%以下，四○%以上的男性回答「夫妻共同分擔」。另外，有二五%的男性認為「有空的人去做」。代表年輕世代對於家事和育兒的想法確實開始改變了[22]。

圖7-9 懷孕、生產前後離職的理由

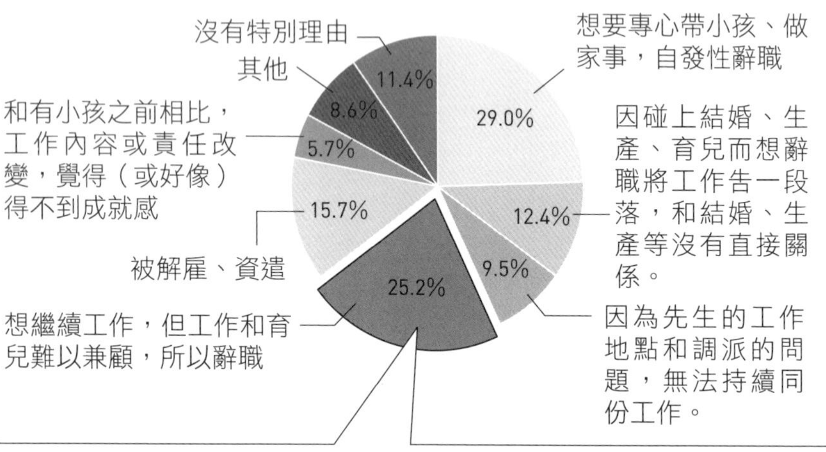

難以兼顧的具體理由

❶ 勤務時間無法配合。
❷ 體力不夠。
❸ 職場沒有支援工作育兒兼顧的氛圍。
❹ 因為小孩生病等，可能會常請假。
❺ 公司沒有產假或育嬰假的制度。
❻ 孕吐或產後不適等懷孕、生產時容易身體不適。
❼ 找不到托兒所或無法托到太晚。

*就業型態是正職員工（肚子正懷有第二胎以上）

出處：根據厚生勞動省、三菱UFJ研究與顧問「平成二十七年度掌握支援工作與家庭兼顧的實際狀況的調查研究事業報告書」，由石田昌宏政策研究會製成的圖表

更多人生選項，能活出自己的環境

過去大家總是從負面角度看待D&I，現在是時候撕掉這種標籤轉換想法，改用正面的角度看待。比如說，透過觀測全國企業短期經濟調查項目之一的業況判斷指數（DI）來判斷就是很好的例子。這個數值是由預估未來經濟好轉的公司家數減去預估未來經濟轉壞的公司家數得出來的

結果。當ＤＩ為負值景氣會更惡化，相反地，若ＤＩ轉為正值就表示景氣已經打底要開始回升。同樣的概念也可以套用在Ｄ＆Ｉ上不是嗎？

把原本認為是負擔充滿負面性的想法，轉換成正向思考的瞬間，就能產生以此為基礎的向上螺旋。光是追求勞動時間與管理職比例等數字目標絕對無法徹底改變，只會停留在減輕多少負面因素，只有轉換成正面思考才有可能引發劇烈的轉變。

女性活躍、工作方式的進化、制度改革、男性的心理改革等，這些改變都源自於ＳＤＧｓ的根本概念Freedom（活出自己）以及Well-Being（活得好），是從思考演繹出來的結果，接著才進一步討論提升多少女性管理職比例或加班時間等的數字表現。重點其實不在於增加多少勞動時間或提升多少員工的活力，而是確保每一位員工心理的安全感，給予選擇讓他們活出自己，創造這樣的環境非常重要。幸好愈來愈多企業開始注意到這一點的重要性。

多樣性&包容性的本質，以及活得好

前面談的都是D&I的權利性，以及經濟上的合理性等話題。接下來要深入探討D&I的本質，這對於達成SDGs來說不可或缺。

現在日本非常流行的關鍵字是多元化管理（Diversity Management）。所謂「多元化管理」的管理方式是，讓各式各樣的人才發揮各自的能力，打造出能產生創新、促進價值創造的環境。就企業來說，推動「確保多元人才」確實是目標，但真正能做到尊重不同價值，活用人格特質的企業並不多。即使員工變得多樣化，但決策者卻還是日本男性，因此本書不斷重複提到SDGs的Freedom以及Well-Being思想，只是現實真正能做到的企業並不多。

瑞克魯特職業研究所（Recruit Works Institute）教授大久保幸夫（Yukio Okubo）在談論D&I本質時說道：「要實現包容性，並非再納入更多各式各樣的人，而是在裡面的人要做出改變㉓。」同樣地，這也能套用在前面說的意識改革、轉換想法上。但所謂的實現包容性具體來說是什麼意思呢？

不歧視和包容性，二者的狀態不同

包容一開始是源自教育界的概念，希望讓有障礙的小孩和一般的小孩一起學習、遊戲、成長，藉此學習如何生活，目標是打造一個共生社會。包容是以差異為前提，所以過程中若有人出現特別的需求，應視為正常情況並想辦法配合，把特別的需求當成團隊合作的一部分，並互相運用各自的強項讓團隊變得更興盛，這就是包容。

二〇〇六年聯合國大會通過與身心障礙者相關的《身心障礙者權利公約》（*Convention on the Rights of Persons with Disabilities*），對於身心障礙歧視的定義如圖 7-10 所示㉔。

仔細看這個定義，排斥與限制是當然的，但連區別都不行，大家可能會問，如果不做區別，要如何保障權利？而所謂的區別，到底指什麼樣的行為？

所謂區別的意思是，對擁有某種性質或形態的集體貼標籤。對有身心障礙的集體貼上身心障礙者的標籤，對基因導致皮膚顏色較深的人貼上黑人標籤，這就是區別。相反地，若看

圖7-10 基於殘疾的差異

身心障礙者權利公約——第2條定義

「基於身心障礙之歧視」是指基於身心障礙而做出之任何區別、排斥或限制，其目的或效果損害或廢除在與其他人平等基礎上於政治、經濟、社會、文化、公民或任何其他領域，所有人權及基本自由之認可、享有或行使。基於身心障礙之歧視包括所有形式之歧視，包括拒絕提供合理之對待。

（譯註：譯文節錄「全國法規資料庫」，https://law.moj.gov.tw/LawClass/LawAll.aspx?pcode=Y0000064）

到有人用單腳走路，或是手無法活動等特徵，不要把他們列入同一個集體，認為他們擁有相同的個性或特徵，而是打造一個能活用每個人個性的體制，這就是我們現在談的D&I的目標，或說消除歧視最重要的關鍵點。換句話說，重點不在區別而是個性；不在集體而在個人。

不遺漏任何人的「合理的關懷」

想要活用每一個人的差異和個性，最重要的是**合理關懷**。要讓每個人都有選擇並發揮自己的特色，過程中一定會因為每個人的特色和場景不同，產生一些障礙與困難，想要去除這些障礙，就要進行個別的調整與變更。SDGs「不遺漏任何人」的理念完全可以透過上述的方式體現。當日本批准以二〇〇六年聯合國大會通過的《身心障礙者權利公約》來修正國內《身心障礙者雇用促進法》，並實施《消除身心障礙者歧視法》後，就代表國家已明文規定，事業者有義務提供合理的關懷。

所謂的合理的關懷是什麼呢？最有名的案例，當屬職業高爾夫球手凱西．馬丁（Casey Martin）的例子。他先天右腳不良於行，無法長距離行走，因此他要求全美高爾夫球協會（PGA），允許自己在公開比賽中搭高爾夫球車移動，這就是一種「合理關懷」。但全美高爾夫球協會認為在賽道上走路也是競技的一環，是構成高爾夫球運動本質的要素之一，因此撤回這項要求。這個案件最後上訴到最高法院，討論的焦點在於高爾夫球這項競技中，乘車意味著什麼？有人認為乘車「可以減少體力消耗，保持精力，所以乘車比較有利」，也有人認為「乘車者就不能參加依規定得靠行走才能完成的特色賽道比賽」。最後法院判斷乘車不影響該項競技的本質，所以凱西贏得訴訟，獲得在全美高爾夫球協會巡迴賽中乘車移動的許可[25]。

寺田湧將是一位因為腦性麻痺而坐輪椅過生活的身障者，他曾說過一段親身經歷。當他還在念小學時，喜歡打棒球的他一心想進入棒球隊，但因為身體障礙不能跑步，怕給其他人帶來麻煩，最後放棄加入球隊。結果朋友告訴他一定要加入球隊，「小寺不能跑的話，我幫你跑」。多虧他朋友的這一席話讓他下定決心入隊。據說他加入球隊後，棒球社替他訂下新的規則[26]，雙腳行動不便的他只要站在打者席上就好，如果擊中其他的隊員會代替他跑。這也是一個「合理的關懷」的好例子，有這樣的視角對於實現包容性社會的目標非常重要。這代表由強者制定的規則並非絕對。

在過去，不是多數族群或擁有強者特徵的人，不能被納入共同體，但若想要實現包容性社會，就必須轉換過去的想法，從改變規則開始著手。

帕拉林匹克運動會不用再辦了嗎？

二〇一二年的倫敦奧運，南非的奧斯卡・皮斯托利斯（Oscar Pistorius）這名雙腳都裝義肢的男子選手出賽四百公尺賽跑與接力，一時之間蔚為話題。他在個人四百公尺項目進入準決賽。由於他的影響，「奧運與帕運是否該合辦」的討論突然熱絡起來。替身障者舉辦奧林匹克比賽，讓他們有出頭的機會雖然非常有意義，但未來是否應該更進一步，稍微改變強者的規則，讓條件不同的人也能一起比賽。

關於皮斯托利斯的活躍，在暢銷書《五體不滿足》作者乙武洋匡（Hirotada Ototake）與專門研究機器人以及義肢的後藤謙的對談中指出，「皮斯托利斯的活躍被傳為美談僅止於準決賽」「一般人潛意識中仍認為『健全者的地位較高』[27]」。如果以「合理關懷」為基礎，身障者應該也能出賽奧運，也能用義肢打破世界紀錄，但如同乙武先生與後藤先生指出的，偏見和心態依然是阻止實現包容性社會的最大阻力。

有一位Maco小姐在影片分享平台上發布影片，毫無保留地訴說身障者生活的真實情況。她是一名二十幾歲的女性，二〇一八年因為從屋頂上跌落造成脊髓損傷，下半身麻痺，必須坐輪椅過生活。觀眾對於她描述自己生活經驗的影片，不斷地發表批判性言論，因而成為大家討論焦點。某天，她搭乘地下鐵前往永田町車站附近的一家店。但永田町車站沒有通往地面的電梯，必須透過車站人員的幫助，使用樓梯旁的升降機才能到達地面。但在狹窄的樓梯間使用連同輪椅一起搬運的升降機會導致行人無法通行，在到達地面的這段時間，樓梯上下排起等待的人龍。

觀看Maco小姐影片，許多人發表了像是「自己應該事先查清楚」「都已經有升降機搭了還碎碎念，妳才應該要感到抱歉吧」等言論。甚至連同樣是身障者的人也冷淡地說：「奇怪耶，要搭地下鐵還不事先查清楚。」[28]有障礙的人接受支援應該感到不好意思的想法，就是在否定「所有人都應該都有選擇、活出自己」的觀念。在「所有的人都要遵從強者規則」的理論仍大行其道的社會，我們離SDGs所指向的世界還很遙遠。

企業中的少數

為身心障礙者雇用對策所制定的《身心障礙者雇用促進法》規定，日本企業所雇用的員工之中，有義務雇用二．二%的身心障礙者。這項法規對增加身心障礙者的雇用機會非常有效。但許多企業為了達到法定雇用率，大多會設立一個特別的子公司，專門用來雇用身心障礙者，而且情況年年增加[29]。

的確，對雇用方來說，設立一個特別的子公司就可以將所有身心障礙者的設備投資集中一處，人事考績也可以分開計算，此舉效率更高。但這種雇用的慣習就是出自，「企業要負擔身心障礙者與一般人的差異，還要額外花成本」的心態，跟包容想法背道而馳。所謂的包容，應該是職場上無論身心狀態如何，都可以在了解彼此差異的情況下一起工作。設立子公司讓身心障礙者集中工作，這麼做即使不算直接歧視，也是在做區別。由此觀點來看，有必要重新審視日本的《身心障礙者雇用促進法》。

把對方從某個範疇解放出來，視為個體來對待，本來就是實現包容性社會的第一步。當然，這不代表要忽視過去社會或企業對於女性、身心障礙者、性少數等群體的歧視或不平等。反而是，企業應負起修正歧視或不平等的責任，更進一步在個人層級的人際關係或團體中，對等地把對方當成組織中的成員，並以最能有效活用人才的觀點，著眼每個人的能力而非對方的屬性，才是最重要的事。

以混雜的方式形塑包容性社會

石川縣一間名為「Share金澤」的社區，把收容身心障礙幼兒的設施、高齡者住宅、學生住宅、溫泉、餐廳等放在一起。在這裡工作的員工也可以看到身心障礙者的身影，住在附近的居民也常來這裡泡溫泉、吃飯，因此人聲鼎沸。不光是讓身心障礙者、高齡者、學生住在同一個鎮上，還透過溫泉、餐廳、畫廊、商店、公園、藥局等設施與服務，讓大人、小孩、年輕人、高齡者、有或沒有身心障礙者的各路人馬齊聚一堂，一起生活和交流，這就是該社區存在的目的㉚。最後，到底是誰在照顧誰的界線也會變得模糊而難以區分。

這家Share金澤是由社會福祉法人佛子園經營，其理事長雄谷良成師父說：「無論是身心障礙的人、有認知障礙的高齡者，大家光是『待在這裡』就能發揮很好的效果。重點不是『我能做什麼』這種能力上的問題，光是存在本身就能為社會帶來貢獻，若每個人都能這麼想，大家一定能活得幸福又快樂㉛。」

明確地推廣「混雜」概念，人在這樣的環境中自然會重新審視自己的存在，如此才能誠實面對死亡這件事，這是Share金澤想傳達的訊息，也是日本非常成功的包容形式之一。

加速實現包容性社會的SML／IPE方案

無論是活出自己的理念也好，或是管理職比例的數字也罷，實現這些目標都非一朝一夕可成，必須用中長期的眼光看待，同時還需要具備能立竿見影的效果。

要改變人的行為，必須同時從短中長期各種不同的策略組合下手。因此，本書建議的方法論就是從短期（Short）、中期（Middle）、長期（Long）的時間軸，以及激勵（Incentive）、懲罰（Penalty）、教育（Education）這三種不同性質的對策來排列組合，提出SML／IPE方案。這個假說認為，透過三╳三的有效組合可以改變人的行動（圖7-11）。

以「杜絕女性暴力」這個主題為例，想要消除對女性施暴的情形，第一件要件是如何第一時間保護受暴者。以短期的激勵措施來說，必須要關懷女性受暴者。至於懲罰，則是必須透過罰則來處罰施暴者。但是光靠罰則無法根絕女性受暴的情形。如果沒有根絕男人打女人這個行為，或者男人可以打女人的這個想法，狀況依然不會改變。

因此，中期的措施必須強化、整備能抑制暴力的國內法，而且讓社會能夠充分理解法規意義。使女性受教育、累積知識得以在經濟上的自立，也是消除女性受到暴力對待的中期措施。

至於長期來說，就是教育小孩絕對不可以施暴，否則二、三十年後又會發生同樣的事情。依此透過短期、中期、長期有策略性地從激勵、懲罰、教育三項措施著手，長期下來就能改變人的行為，改變社會。

圖7-11 以SML／IPE方案思考如何「根絕性暴力」

要改變人的行為，必須從短中長期（SML）搭配不同的對策（IPE）著手。

例：性暴力	短期 緊急應對、訊息發送等。	中期 制度改革、組織的力量。	長期 基礎建設與人們的觀念。
激勵	✓對受害女性的關懷。 ✓庇護所的設立。	✓支援女性創業家。 ✓幫助受暴者自立等，加強與暴力相關的對策。 ✓增加女性董事席次。	✓透過ESG投資對策的調整，讓女性活躍的企業能獲得較高的評價。
懲罰與規則化	✓限制施暴男性的行動。 ✓給予懲罰。	✓強化以及整備關於防治暴力的國內法。	✓透過公約等強化國際規範。 ✓參與並策畫這類的國際規範。
教育	✓透過政令宣導、廣播、公布欄、電視等發送訊息。	✓提升女性的就學率。 ✓培養女性高等人才。	✓對於小學生、中學生等國家未來棟樑給予持續性的教育。

以SML／IPE方案打造「活出自己的職場」

許多企業在實踐D&I時都有同樣的問題，那就是措施顯得雜亂無章。明明推出了各種措施，但許多經營者仍舊無比煩惱，像是「感受不到效果」或是「懷疑這項措施是否正確」等。詳細看這些經營者採取的措施，大致來說他們都傾向強化短、中期的鼓勵措施，像是促進男性取得育嬰假、允許員工兼差、整備遠距的工作環境、提供進修機會等，但大多數過於缺乏像是觀念改革、想法轉變、醞釀有包容性的企業文化等長期的視野。因此，我列出了下面這張矩陣圖7-12，希望企業在檢討如何打造讓員工「活出自己的職場」時，這份圖能幫上忙。

圖7-12 打造「活出自己的職場」的SML／IPE 方案

例：好的職場	短期 一年以內做得到	中期 五年以內做得到	長期 以十年為期的計畫
激勵	**【男性】** · 育嬰假的義務、強化育嬰假的權利。 **【女性】** · 保護性侵受害者。 **【工作方式】** · 補貼清早出勤者。 · 可兼副業。 · 為董事報酬的附加條件。 **【基礎建設】** · 導入群組軟體。 · 導入遠距工作。	**【男性】** · 將育嬰假與獎賞、升遷連結。 **【女性】** · 休完育嬰假晉升管理職。 **【工作方式】** · 導入遠距工作、彈性工時的制度。 · 依照成果給予報酬或提拔。 **【基礎建設】** · 衛星辦公室、公司內部托兒所。	**【男性與女性】** · 培養榜樣。 · 錄用外聘董事。 **【女性】** · 強化升遷至董事的職涯路徑。 **【工作方式】** · 廢除退休制度。 **【基礎建設】** · 提供轉職獎勵金。

懲罰與規則化	【男性】 ・對於性騷擾、職權騷擾的罰則加嚴。 【工作方式】 ・減少加班補貼。 ・將遠距工作合理化。 ・消除無效任務。 【基礎建設】 ・導入全面性的評價、數據化。	【男性】 ・增加升遷時的審查條件。 【工作方式】 ・工作量相同、薪資相同。 ・放寬解雇條件。 【基礎建設】 ・改善董事會的男女比例。 ・活用全面性評價於升遷審查。 ・徹底活用AI。	【男性與女性】 ・基本上廢止終身僱用制度。 【工作方式】 ・管理職的性別比例義務化。 【基礎建設】 ・CoC/PDCA確立。
✖			
觀念、教育、研究	【男性】 ・性別人權的進修。 【女性】 ・設立導師制度。 【工作方式】 ・領導者的承諾。 ・管理職進修。 【基礎建設】 ・辦公環境舒適畫。 ・揭露ESG資訊。 ・追求心理的安全感。	【男性】 ・進修成果與升遷連結。 【女性】 ・三十歲以前的升遷培育、提前升遷。 【工作方式】 ・以統計的方式掌握勞動時間與生產力的關係。 【基礎建設】 ・以IT測量勞動時間。 ・強化ESGs對應。 ・培養家庭為上的企業文化。	【男性與女性】 ・年輕人的觀念變革。 【工作方式】 ・重新定義職涯。 【基礎建設】 ・經常設定企業的十年願景。 ・培養人生為上的企業文化。

邁向「所有人都活出自己」的社會

由阿德勒心理學研究者第一把交椅岸見一郎（Ichiro Kishimi）和古賀史健（Fumitake Koga）共同著作的《被討厭的勇氣》一書中，他們這麼說明人生的意義：人類應該超越對自己的執著與自我中心性（self-interest），轉而對社會產生關心（social-interest），把他人視為自己的夥伴，並從中感受到「自己存在的位置」。他把這種感覺稱為「共同體感覺」，要獲得這種感受必須具備三個要素，「接受自己」「信賴他人」「貢獻他人」[32]。自己能幫上某人忙的感覺、認識值得信賴的人、在那個地方可以感受到自己的存在位置，這些都可以說是人類生活在世上所擁有的普遍性、根源性的欲求。

SDGs所標榜的「不遺漏任何人」的世界，換言之就是「所有人都找得到自己的存在位置」的世界。SDGs所有目標的共通點在於，想要達成這些目標，端看人類能做到脫離自我中心性到什麼地步。所以，每一個人都能感受到自己的價值，信賴他人，並持續做出貢獻，在在都是達成ＳＤＧｓ不可或缺的心態，也只有做到這三點的共同體，才能實現沒有階級分化、沒有歧視、「所有人都能活出自己」充滿包容性的世界。

專欄——
育兒是負擔還是喜悅

現在有「育兒負擔」這種說法，然而育兒真的是種負擔嗎？大家都知道育兒絕對不輕鬆，如果先生把育兒工作全都推給太太，對女性來說一定是個負擔。但育兒原本就該是夫妻兩人一起做的共同作業。若兩人能齊心合力，那麼育兒可能變成人生喜悅的來源。如此一來，能夠產生良性循環，一口氣翻轉過去把育兒視為負擔來討論的狀況。摘掉負面標籤，正向地看待它，育兒成為夫妻分享喜悅、珍惜一家團聚的時光。這會激勵大家早早結束工作回家和家人相聚，每一個人都能兼顧工作和生活，產生活出自己、活得好的良性循環。

育嬰假真的是在休假嗎？

關於育嬰假（或育嬰留職停薪）這個稱呼，我也有一個想法想讓大家理解，取得育嬰假的父母，並非悠閒地休息度假。相反地，養育小孩和平時固定的工作不一樣，嬰兒哭鬧不分早晚，照顧者可能一頓飯都不能好好吃就為了餵母乳、替寶寶洗澡、換尿布，可以說是一刻也不得閒。但因為我們把育嬰假稱為「休假」，導致新手爸媽請假時會對留在公司打拚的同事感到不好意思，一一跟他們道歉。而且，請假的人因為沒有實際的工作成績，還會影響到升遷、加薪、獎金的考核也是事實。不僅如此，因為育嬰假有休假的字眼，使得男性更難鼓起勇氣請假。實際上，育兒工作是二十四小時出勤、學習新事物、加強危機管理能力與溝通能力的訓練。而且面對不照自己的意思或態度行事的嬰兒，就等於面對「不同性質的他人」，必須學習站在對方的立場和情感思考再採取行動[33]。與其把育嬰假當成休假，倒不如看成在學習職場上也派得上用場的重要經驗與技能，並用含有進修或調派等語意的新詞彙來替代。如此一來，大家看待因育兒而暫時離開職場者的想法也會隨之改變。

參考文獻：

1. 落差和不平等這兩個詞彙常被交換使用。嚴格來說，落差是指「價格、資格、等級、生活水準的差距（廣辭苑）」，也就是英文的「gap」，而不平等是「不公平（廣辭苑）」是英文的「inequality」。但在日本，托瑪．皮凱提的《二十一世紀資本論》中，inequality被翻譯成「落差」，同一位譯者在安東尼．B．阿特金森（Anthony Barnes Atkinson）的《二十一世紀的不平等》，同樣的句子則翻譯成「不平等」。在本章，如果是強調「程度的差距」就會使用「落差」，其他處則用「不平等」。
2. 托瑪．皮凱提的《二十一世紀資本論》（台灣版由衛城出版社於二〇一四年出版）
3. 樂施會在二〇一七年一月提出的《屬於九九％人類的經濟》（An Economy for the 99%）報告書https://www-cdn.oxfam.org/s3fs-public/file_attachments/bp-economy-for-99-percent-160117-en.pdf
4. 喬恩．戴克斯特拉二〇二〇七月一日「你是『有福』還是『有特權』」（Are you ‘blessed’ or ‘privileged’？）https://reformedperspective.ca/are-you-blessed-or-privileged/
5. 美國人口普查局「受過教育的人中，男性賺一美元同時女性只能賺七十四美分」（Among the Educated, Women Earn 74 Cents for Every Dollar Men Make）https://www.census.gov/library/stories/2019/05/college-degree-widens-gender-earnings-gap.html
6. 世界經濟論壇二〇二〇年發表社會流動性調查https://reports.weforum.org/social-mobility-report-2020/economy-profiles/?doing_wp_cron=1585188964.5265009403228759765625#economy=JPN
7. 二〇二〇年經濟合作暨發展組織的調查報告書 「社會電梯故障？如何促進社會流動」（A Broken Social Elevator? How to Promote Social Mobility）https://www.oecd.org/social/broken-elevator-how-to-promote-social-mobility-9789264301085-en.htm
8. 加州大學的社會心理學家保羅．皮夫的研究「金錢讓你變醜陋嗎？」（Does money make you mean?）https://www.ted.com/talks/paul_piff_does_money_make_you_mean
9. 麥肯錫在二〇一九年「多樣性勝出」（Diversity Wins）調查https://www.mckinsey.com/featured-insights/diversity-and-inclusion/diversity-wins-interactive
10. 「訪談奧林巴斯員工，會長訓示『財報造假有什麼大不了』」https://biz-journal.jp/2012/06/post_261.html
11. 筆者根據Wikipedia計算

12. 經濟同友會「預測千禧年世代的變化以企業的成長策略為核心——二〇一五年美洲委員會提議」https://www.doyukai.or.jp/policyproposals/articles/2016/pdf/160804a.pdf
13. 二〇一九年日本Spencer Stuart董事會指數https://www.spencerstuart.jp/-/media/2020/february/ssbi_jpn2019_web.pdf
14. 二〇一八年麥肯錫報告「平等的力量：促進亞太地區的女性平等」（The Power of parity: Advancing women' s equality in Asia Pacific）https://www.mckinsey.com/featured-insights/gender-equality/the-power-of-parity-advancing-womens-equality-in-asia-pacific
15. 高盛「女性經濟學五．〇」https://www.goldmansachs.com/japan/our-thinking/pages/womenomins-5.0/womenomics5.0.pdf
16. 內閣府男女共同參與局「平成三十年版男女共同參與白皮書」第一節關於工作與生活的平衡（work．live．balance）」http://www.gender.go.jp/about_danjo/whitepaper/h30/gaiyou/html/honpen/b1_s03.html
17. 總務省統計局「平成二十八年社會生活基本調查」https://www.stat.go.jp/data/shakai/2016/pdf/gaiyou2.pdf
18. 內閣府男女共同參與局「平成二十五年度版男女共同參與白皮書」第二節女性勞動參與率曲線呈現（M字曲線）的背景http://www.gender.go.jp/about_danjo/whitepaper/h25/zentai/html/honpen/b1_s00_02.html
19. 內閣府男女共同參與局「平成二十五年度版男女共同參與白皮書」年齡級別勞動參與率的就業型態細項http://www.gender.go.jp/about_danjo/whitepaper/h25/zentai/html/zuhyo/zuhyo01-00-14.html
20. 國稅廳「平成三十年度民間津貼實情統計調查」https://www.nta.go.jp/publication/statistics/kokuzeicho/minkan2018/pdf/001.pdf
21. 厚生勞動省、三菱日聯金融集團「關於平成二十七年度工作與家庭兼顧支援的實情掌握調查研究事業報告書」https://www.mhlw.go.jp/file/06-Seisakujouhou-11900000-Koyoukintoujidoukateikyoku/0000103116.pdf
22. 內閣府男女共同參與局「男性的工作、家事、育兒參與」http://www.gender.go.jp/policy/men_danjo/kiso_chishiki2.html 男女共同參與會議「改變男性的生活方式和觀念的課題與對策」http://www.gender.go.jp/kaigi/senmon/kurashikata_ishikihenkaku/pdf/0310honbun.pdf
23. 瑞克魯特職業研究所的大久保幸夫「非多樣性，而是包容」https://www.works-i.com/column/works/detail014.html
24. 外務省「與身心障礙者權利相關的條約」https://www.mofa.go.jp/mofaj/fp/hr_ha/page22_000899.html
25. 公益財團法人日本身心障礙者復健協會情報中心，身心障礙保健福祉研究情報系統「彼得．布蘭克（Peter Blanck）教授演講會《美國ＡＤＡ法的現狀與未來展望》」https://www.dinf.ne.jp/doc/japanese/resource/law/090710seminar/090710_blanch.html

26. 現代版魔法公主Maco（YouTube頻道）「臨時取消初次約會六次以上的腦性麻痺男子！與寺田湧將共演」https://www.youtube.com/watch?v=FWV1XqhTb0g
27. 現代商業「為何義肢選手無法出賽奧林匹克」https://gendai.ismedia.jp/articles/-/52153?page=2
28. 現代版魔法公主Maco（YouTube頻道）「再談招致許多批判的永田町事件」https://www.youtube.com/watch?v=GX6P--WsZeA&t=1146s
29. 厚生勞動省「令和元年身心障礙者雇用狀況統計結果」https://www.mhlw.go.jp/content/11704000/000580481.pdf
30. 社會福祉法人佛子園「我所打造的城鎮——Share金澤」http://share-kanazawa.com
31. Okamura「小孩、高齡者、身心障礙者，打造一個讓所有人混居的城鎮[後篇]」https://www.okamura.co.jp/magazine/wave/archive/1512oyaB.html
32. 岸見一郎、古賀史健《被討厭的勇氣》（台灣版由究竟出版社於二〇一四年出版）
33. 綜合人間學會，七星純子「第九屆研究大會青年研究員報告：現代社會中的小孩子與環境現況〔關於共同擁有育兒經驗的意義之考察〕」http://synthetic-anthropology.org/blog/wp-content/uploads/2016/05/Synthetic-Anthropology-vol92015-p186-nanahoshi.pdf

結語

本書是以平時我演講的內容為基礎，再將其分類為概念性與實踐性兩部分，由ＳＤＧ Partners各位夥伴整理並打成文字稿。因此，我由衷地感謝許多人，首先感謝負責撰寫以及統整的柴田美紀子執行董事，還有小林Sayaka董事，本田龍輔顧問與松原廣幸顧問、吉村美紀取締役，還有川崎暢子總務。另外，我也要藉此感謝北川史花小姐、中尾有希小姐、根本琹小姐。再來就是日本Impress出版社的今村享嗣編輯，沒有你就沒有這本書。真的很謝謝大家。

同時我也感受良多，ＳＤＧ Partners的團隊夥伴就不用說了，從二〇一五年到現在的五年間，我和許多人產生「連結」，讓大家慢慢理解到ＳＤＧｓ這個思考體系的真正價值，幫助他們將這個體系融入經營或組織營運中。現在，我非常確信一件事，光是個別推動ＳＤＧｓ的十七項目標、一百六十九項指標還不足夠，為了理解和到達其背後廣大的思想和世界觀，必須運用回推式思考、關聯性思考，把過去尚未連結的人或思考方式「連結」在一起。

二〇二〇年上半年，全世界受到新冠疫情肆虐，在如此巨變之下，我們每一個人要如何與世界產生連結。換句話說，相互依存＝「連結」這個事實已經顯而易見。同時，在這個未來前景混沌不明的世界中，每一個人，以及每一家企業都必須重新思考，明確地看準未來的方向並採取行動，也就是說「自律」所內含的重要性已經超過以往。事實上，在新冠疫情最嚴重的時候，投資人對於SDGs或ESG投資的關心程度不減反增，並明顯地在各種領域「加速」投資。

比如說，就我知道的幾家大企業，都已經在設想二〇三〇年到二〇五〇年、二〇六〇年想要實現什麼樣的社會並設定願景，期許自家企業在其中扮演的角色，然後再回推到現在應該採取什麼行動。約莫在十年前，這種超長期願景還被視為一種「空泛的幻想」，但現在已經成為董事會會議中大家為了企業存續熱烈討論的議程。這樣的思考方式在過去日本從沒有過，也意味著SDGs體系所帶來的助力非常關鍵。

在這樣的過程中，企業開始頻繁納入利害關係人的意見，企業和非政府組織之間開始發展出一種前所未有的關係。回想二〇〇〇年代，非政府組織還是站在攻擊企業營利活動的立場，而企業也是老想著如何防禦這類的攻擊。但現在，無論是供應鏈上的人權問題，或是企業減少溫室效應氣體排放，企業和非政府組織的目標一致，有時甚至組成團隊一起推動。企業對非政府組織發起的慈善活動捐贈依然持續不斷，但現在企業更注重「本業的社會貢獻」，站在這樣的立場與非政府組織合作的趨勢已經愈來愈明顯。

企業與教育現場的「連結」也愈來愈常見。像是由大學發起的新創同盟，結合企業來推動社會課題，而且從小學、中學就開始有系統地教導ＳＤＧｓ的知識。找工作的大學生對企業最多的要求條件是，能夠從這個社會獲得多少感謝，或是對社會做出什麼樣的貢獻。相對地，企業想要錄用優秀的人才，就必須先好好理解ＳＤＧｓ，思考如何提供年輕世代有成就感的工作環境。

因本書內容分量關係，沒有觸及到極為重要的地方和中小企業的ＳＤＧｓ投入。推動ＳＤＧｓ並非中央政府或大型上市公司的專利，若未來要走向自律分散型社會，地方政府和中小企業反而才是主角。而這個新動向，正因新冠疫情的影響，一步步扎實地發展當中。

自二〇一八年起，內閣府地方創生事務局開始規畫「ＳＤＧｓ未來都市」以及「地方政府ＳＤＧｓ示範事業」，到二〇二〇年為止，已經針對九十多個地方政府，以及其指定的示範事業給予財務補助。這個政府計畫的厲害之處在於，不只在環境、社會、經濟三個領域各自努力，而是著眼於這三個領域之間的「相互關係」以及「波及效果」，出資補助那些能「連結」這三者的事業。我有幸參與沖繩的恩納村以及在九州推動相關的計畫。此外，也參與了北海道、關西、東海地方等地的計畫。

在參與的過程中，我認為最重要的是地方金融機構（地方銀行、信用組合、信用金庫等）與中小企業的合作。地方金融機構在地方產業發展中扮演最關鍵的角色，是協助中小企業的事業能持續成功的強力夥伴。若地方金融機構、中小企業和地方居民都能深刻理解SDGs的內涵，在克服新冠疫情後的世界，我們一定可以提高社會的強韌性與自然共存，每個人在生活、工作上都能活得更好，並把這樣的世界「交棒」給下一個世代，我想未來這個趨勢將會愈來愈明顯。希望近期可以將我對地方與中小企業推動SDGs的看法整理出來。

最後，我想將日本可以為世界帶來啟發的價值觀和強項當成本書的結尾，與大家分享。

日本人的特性是喜歡累積，並「孜孜矻矻地做著自己的事」。以透過政府開發協助為主力的青年海外協力隊來說，大家都在現場用同樣的眼光做一樣的事情。他們認為一開始或許只改變一個村落、一個地點，但集結起來就能串成線，幾條線結合起來可以形成面，最後改變整個國家。另一方面，歐美人的想法完全相反。他們要先有神的聲音（理想狀態），再決定行動，所以不是從現場起步，而是認為如果沒有改變根本的原則和政策，事情就不會改變。哪一種做法是正確的呢？其實都不正確。若只把眼光放在現場，無法改變大方向，同樣地，光改變原則，也改變不了現場。

換句話說，累積式思考（歸納法）與回推式思考（演繹法），必須在某個地方相會（連結），才能產生合乎邏輯的創新，創造新事物。但這個世界上能夠完全融合累積和回推這兩種思考模式的人非常稀少。日本人注重「和諧」的思考，或許在實現這個理想上能發揮關鍵作用。

自古以來，日本人就有辦法讓各式各樣的價值觀「和諧」共存，然後從中產生新的價值。像是空海和尚把哲學性的佛教與倫理性的儒家思想「融合」成新的宗教體系，或是緒方貞子整合「保護與能力強化」的觀念，把人道與開發合而為一，都是很好的例子。不光只是共存，透過「連結」不同的價值觀與思考產生「和諧」，新的價值便能從中孕育而出。我認為，這才是日本對世界下一個五十年的永續發展所能貢獻的最大啟發。

願我們能一起迎接一個超越世代、所有人都能活出自己、活得好的世界。讓我們一起產生更深、更緊密的連結吧。

田瀬和夫

2030 永續企業革命

SDGs 思考 2030 年のその先へ 17 の目標を超えて目指す世界

作者	田瀨和夫（Kazuo Tase） 永續發展夥伴有限公司（SDG Partners）
譯者	鄭舜瓏
商周集團執行長	郭奕伶
視覺顧問	陳栩椿
商業周刊出版部	
總監	林雲
責任編輯	潘玫均
封面設計	林芷伊
內頁排版	点泛視覺設計工作室
出版發行	城邦文化事業股份有限公司 商業周刊
地址	115020 台北市南港區昆陽街 16 號 6 樓 電話：（02）2505-6789　傳真：（02）2503-6399
讀者服務專線	（02）2510-8888
商周集團網站服務信箱	mailbox@bwnet.com.tw
劃撥帳號	50003033
戶名	英屬蓋曼群島商家庭傳媒股份有限公司城邦分公司
網站	www.businessweekly.com.tw
香港發行所	城邦（香港）出版集團有限公司 香港灣仔駱克道 193 號東超商業中心 1 樓
電話	（852）25086231
傳真	（852）25789337
E-mail	hkcite@biznetvigator.com
製版印刷	鴻柏印刷事業股份有限公司
總經銷	聯合發行股份有限公司
電話	（02）2917-8022
初版 1 刷	2022 年 4 月
初版 5 刷	2024 年 4 月
定價	450 元
ISBN	978-626-7099-10-0
EISBN	9786267099124（PDF）／9786267099186（EPUB）

Original Japanese title: SDGs SHIKO: 2030 NEN NO SONOSAKI E 17 NO MOKUHYO WO KOETE MEZASU SEKAI

國家圖書館出版品預行編目 (CIP) 資料

2030 永續企業革命 : 全方位 ESG 永 續 實 踐 攻 略 / 田瀨和夫 , 永續發展夥伴有限公司 (SDG Partners) 合著 . -- 初版 . -- 臺北市 : 城邦文化事業股份有限公司商業周刊 , 2022.04
面； 公分
譯自 : SDGs 思考 2030 年のその先へ 17 の目標を超えて目指す世界
ISBN 978-626-7099-10-0(平裝)
1.CST: 企業經營 2.CST: 永續發展
494.1 111000418

金商道

The positive thinker sees the invisible, feels the intangible, and achieves the impossible.

惟正向思考者，能察於未見，感於無形，達於人所不能。——佚名